World Habitat®
世界人居

世界人居系列丛书

世界人居设计年鉴

WORLD HABITAT DESIGN YEARBOOK

（第一卷）

（VOLUME Ⅰ）

龚兵华 编

中国建材工业出版社

图书在版编目（CIP）数据

世界人居设计年鉴．第一卷 / 龚兵华编．-- 北京：中国建材工业出版社，2023.2
（世界人居系列丛书）
ISBN 978-7-5160-3522-1

Ⅰ．①世… Ⅱ．①龚… Ⅲ．①居住环境－环境设计－世界－年鉴 Ⅳ．① TU-856

中国版本图书馆 CIP 数据核字（2022）第 100627 号

世界人居设计年鉴（第一卷）
Shijie Renju Sheji Nianjian（Di-yi Juan）
龚兵华 编

出版发行：中国建材工业出版社
地　　址：北京市海淀区三里河路 11 号
邮政编码：100831
经　　销：全国各地新华书店
印　　刷：北京天恒嘉业印刷有限公司
开　　本：635mm×965mm　1/8
印　　张：29.5
字　　数：400 千字
版　　次：2023 年 2 月第 1 版
印　　次：2023 年 2 月第 1 次
定　　价：358.00 元

本社网址：www.jccbs.com，微信公众号：zgjcgycbs
请选用正版图书，采购、销售盗版图书属违法行为

编　委　会

World Habitat
世界人居

PREFACE
序言

随着全球城市化进程的加快，城市发展中面临的各种问题开始浮出水面。从 1992 年联合国环境与发展会议后，人居环境问题成为实现可持续发展的重要因素。在严峻的形势面前，人们不得不重新审视城市发展观和价值系统。党的十九届五中全会提出了 2035 年基本实现社会主义现代化的远景目标。其中，与人居环境建设领域相关的有三大具体目标：一是基本实现新型城镇化；二是广泛形成绿色生产生活方式；三是城乡区域发展差距和居民生活水平差距显著缩小。2019 年，我国城镇化水平提高到约 60%，是国家经济发展和社会进步的重要标志，而人居环境建设的任务重心也逐渐转移到了乡村振兴与绿色发展上来。

中国要美，农村必须美。2021 年，国家脱贫攻坚战取得了阶段性的胜利，人大常委会出台《中华人民共和国乡村振兴促进法》，为全面实施乡村振兴战略提供有力法治保障。如何将脱贫攻坚成果与“乡村振兴战略”有效衔接，是党在“十三五”与“十四五”重要历史交汇期，开启全面建设社会主义现代化国家进程中作出的重大战略部署。农村人居环境整治是乡村振兴的第一场硬仗，既是农村全面小康的收官之举，也是乡村全面振兴的开幕之战。让乡村成为生态宜居的美丽家园，让乡村居民望得见山、看得见水、记得住乡愁，这既是时代的呼唤，也是人民的期盼。只有农村人居环境改善了，农民幸福指数提升了，才能真正深入推进乡村振兴战略。

改善农村人居环境，让乡村成为充满魅力和希望的一方水土，不仅是一场攻坚战，更是一场持久战，非一朝一夕所能完成，最需久久为功，全力以赴；同时，推进农村人居环境整治，建设美丽宜居乡村，也是一项涉及面广、内容多、任务重的系统工程，这就要求人居环境建设从业者举行业之力，将目光聚焦乡村振兴工程，发挥各自的行业特色和优势，从改善村庄人居环境入手，促进带动乡村生态与产业的协同发展，从而激发出乡村振兴的内生动力和发展活力。

打造绿色健康的人居环境是另一个大的系统性问题。随着经济发展、人口增长及工业化进程的推进，生态危机已经成为限制我国经济发展的重要掣肘，因此，“可持续发展”作为一个全球性的发展战略，其重要性在我国的发展政策中已经上升到了前所未有的高度。

力争 2030 年前实现碳达峰、2060 年前实现碳中和，是党中央作出的重大战略决策，与人居环境升级改造息息相关的建设领域节能减碳是实现我国“双碳”目标的关键一环，从设计到运营，我国建筑行业碳排放约占总碳排放量的 40%，绿色转型刻不容缓。在“双碳”目标的引领下，我国“十四五”规划明确提出要大力发展绿色建筑，开展绿色生活创新活动，从政策层面为发展高质量人居环境建设指明了方向。

人居环境产业建设的不仅是物质环境的实体，也是社会文化环境的实体，健康、美好、和谐的人居环境可以促进社会秩序、社会政治、社会法制、社会关系、社会保障体系、社会生活等领域的良性发展，激发人们的创造精神和生产力，使人们身心健康、安居乐业，这正是人类生存环境的理想追求。由此可见，人居环境建设是人类社会可持续发展的客观需求和归宿，它的建设不是一朝一夕可以完成的，需要诸多从业者前赴后继地努力，建设人口、经济、环境、社会服务相协调的人居环境。

2021 年是“联合国生态系统恢复十年”行动计划开局之年，绿色变革的浪潮正席卷全球，中国也提出了“2030 年碳达峰、2060 年碳中和”的目标。作为人们生产生活中不可或缺的组成部分，人居环境的绿色与健康对全球生态环境的保护与发展起着至关重要的作用。随着《“健康中国 2030”规划纲要》的颁布，越来越多的地方政府将健康的人居环境建设纳入政策支持范围。健康人居关注人、建筑与环境的依存关系，建筑全生命周期的质量，以及着眼于未来的可持续发展。从前几年的“绿色建筑”到现在的“健康人居”，这一命题越来越受到业内的重视。

为深入践行习近平总书记提出的“推动中国制造向中国创造转变、中国速度向中国质量转变、中国产品向中国品牌转变”的科学论断，进一步激发市场活力，促进大众创业、万众创新，激励设计师的创新创业精神，推进人居环境设计领域专业化品牌发展，扶持一批创新创业典型，引导高校毕业生到人居环境一线就业创业，更好地服务新时代城乡人居环境建设高质量发展，助力美丽中国建设，世界人居组委会决定出版年度连续性出版物，记录我国人居环境建设成就，激励设计机构和设计师积极投入到高质量人居环境建设中去，运用设计来引领人居发展潮流。

如果说科学技术是推动经济转型的第一发动机，那么创新设计就是经济转型的第二发动机。设计创新在目前的经济形势下已经成为新的经济增长点和产业升级转型的重要途径。以设计促科技，不断发现、培育、集聚各领域的创新设计人才，努力把《世界人居设计年鉴》这一品牌打造成为创意设计与文化产业融合创新的引领者，是我们所有同仁内心深处的朴素信念。作为国内具有知识产权的年鉴品牌，《世界人居设计年鉴》将在未来的发展过程中，坚持致力于为中国创意产业与世界领先设计理念的沟通搭建桥梁，以汇聚创意设计大师、培育创意设计人才作为自身的重要发展目标。

《世界人居设计年鉴》的出版将秉持大人居发展理念，为绿色建筑、城乡规划、风景园林、生态治理、文化及旅游等领域机构和有识之士搭建一个沟通交流平台，广泛联络和服务人居环境建设相关的企事业单位，并以此推动跨界合作，创新融合发展，引领有关领域的先进理论研究。寻求提升和确保人居环境领域及其相关从业人员的地位及利益；促进社会对人居环境建设重要意义的认知，推广人居环境专业的教育和研究，寻求创造人类需求和生存空间的协调，促进公众对创新设计的认知，推广并强化创意设计与创新经济的概念，推动国民经济和文化产业的发展等诸方面的作用正愈发明显。《世界人居设计年鉴》将长期坚持创新、设计、生活、时代等开放性主题，深入探讨当代设计推动我国产业转型的策略，以期为创新型国家建设献计献策，促进“中国制造”向“中国设计”和“中国创造”转型，最终为打造绿色、生态、宜居、智慧的人居环境贡献力量。

《世界人居设计年鉴》作为人居环境科学发展领域的年度出版物，以总结和展示建筑、城乡规划、园林景观及装饰设计专业领域的创新和研发能力，探寻设计师专业化水平和差异化发展之路，为社会和市场推选优秀的专业性设计师和机构，并甄选具有一定领域代表性和创新力的设计项目，具有一定的文化传承和技术创新力，并能充分体现设计师及团队整体水平的作品。《世界人居设计年鉴》按照人居环境建设上下游产业链特征设置栏目，首卷《世界人居设计年鉴》共分为优秀作品、优秀企业和优秀人物三个部分分别展示。

最后，从中国国情来看，中国在全世界范围内总是最先遇到人居环境最难的问题，比如大规模及高速城市化，众多的人口和高密度的城市，这些都是其他国家无法遇到的，因此中国的人居研究和实践是具有世界意义和世界范围代表性的，世界人居刊物由中国来办和实现，是中国责无旁贷和当之无愧的事情。创新设计基于创新与应用，集成艺术、科技、文化与经济等要素，既是科技创新与文化建设的重要连接点，也是科技与文化融合发展的前沿阵地。新的历史时期，随着新一轮科技革命和产业变革不断推进，《世界人居设计年鉴》也将以更加开放的面貌，积极参与构建创新设计与人居环境的融合发展，力争在文化建设、经济发展、社会进步等方面持续发挥作用。以“创新”之名，为“设计”正史，《世界人居设计年鉴》将不断见证中国设计、中国创造、中国智慧、中国精神、中国价值和中国力量。

（李建伟，中国长城绿化促进会生态人居与绿色建筑分会执行理事长，东方易地首席设计师）

CONTENTS

目录

第一篇　世界人居
优秀作品

第二篇　世界人居
优秀企业

第三篇　世界人居
优秀人物

World Habitat
世界人居

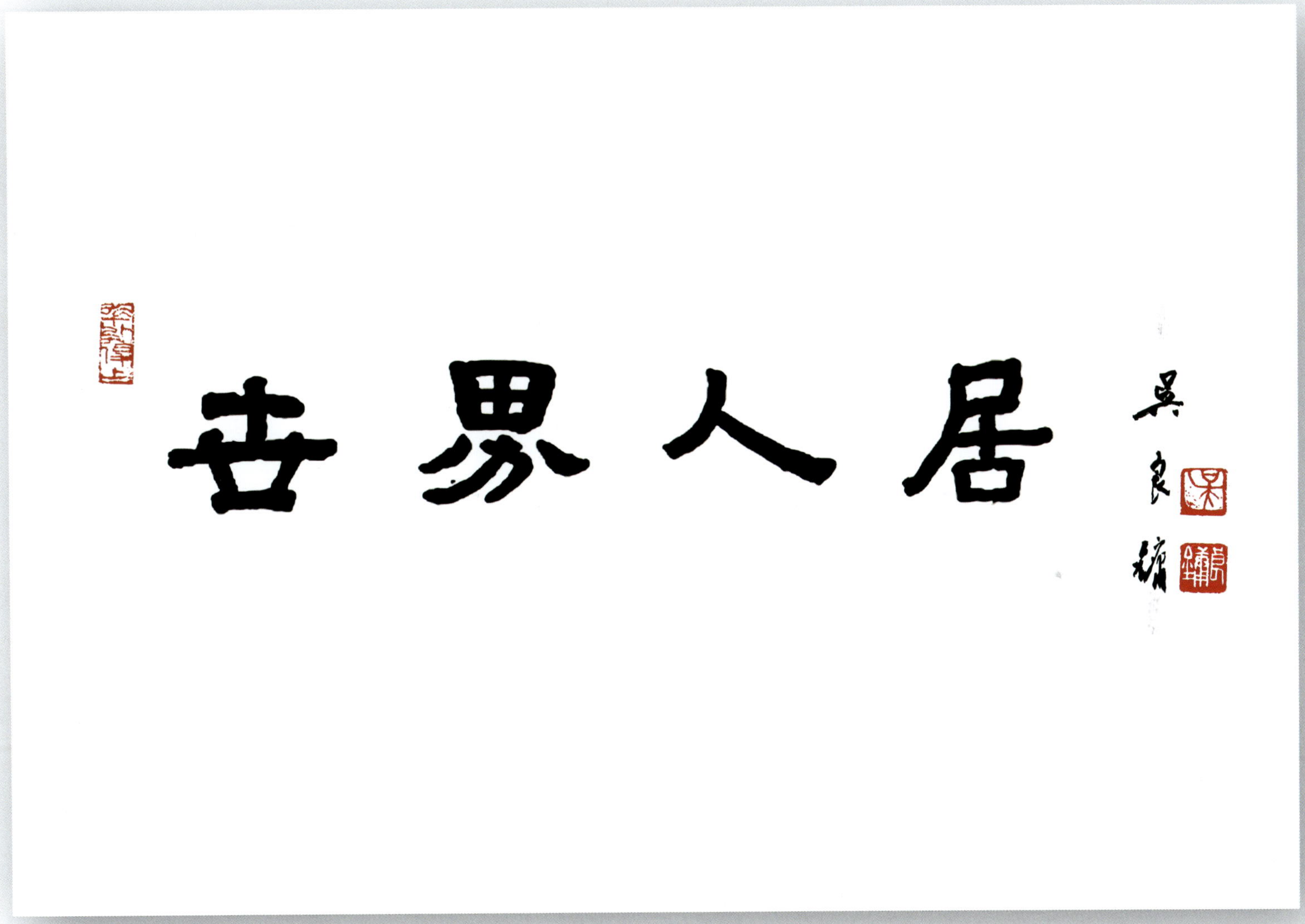
吴良镛

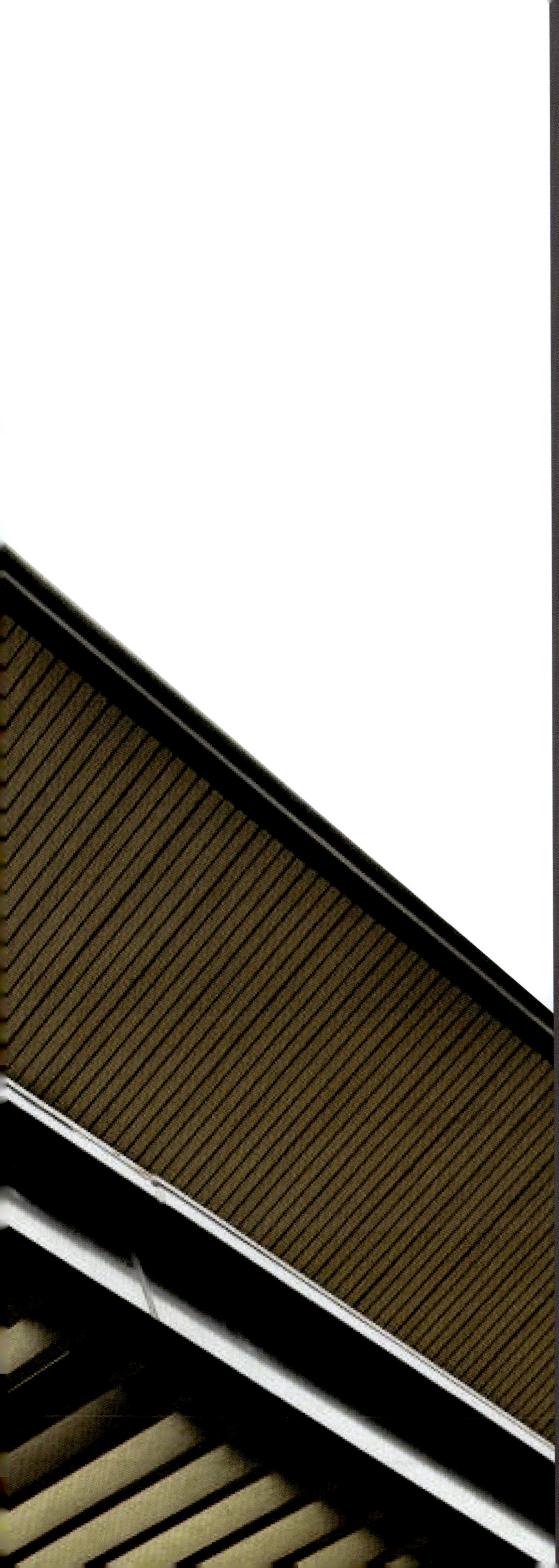

01

World Habitat
世界人居

世界人居优秀作品

第一篇

万科云庐

开发单位：北京万科企业有限公司
设计单位：华通设计顾问工程有限公司
主创人员：范黎、魏闵红、矫健、王维、韩昌涛、刘丹、王可为、李东升
设计时间：2019 年
建成时间：2019 年
项目地点：北京市丰台区
项目阶段：建成项目
项目规模：小型
项目类别：住宅

[1] 规划总平面图
[2] 实景图 1
[3] 实景图 2
[4] 实景图 3
[5] 实景图 4
[6] 效果图
[7] 实景图 5

项目简介：

云庐项目位于北京市丰台区青龙湖片区，项目占地 2850m^2，建筑面积 900m^2，基地北侧为城市主干道，西侧 300m 即为青龙湖景区，景观资源丰富。距北京市中心 30km，西六环外 1.1km，距房山长阳约 13km。

设计说明：

感知江南文化

云庐项目是我们对江南文化的一次探索，北方如何展现江南的柔美。

示范区空间规划借鉴江南园林造园手法，虚空间以静水池为中心，廊道、桥梁、石径等空间围绕静水交替使用，让空间增添了多种变化，富有层次感。建筑依水而建，水面倒映出的天光云色，增强了景观的空间延续，产生无限的空间感。

示范区要营造江南宅院的意境，从主入口延续至入户庭院，

[1]

[3]

[2]

[4]

呈现一种压缩了的空间尺度及细部的设计，体验更加紧密。曲折起伏的长廊，奇石嶙峋的崖壁，模仿山涧里临水而行的场景。步移景异，以小见大。延廊前行转过便是核心景观，白墙围合，引水入庭，犹如山水入境。平静的水面与建筑、天空相互交融，水天一色，大开大合，让人豁然开朗。江南园林的情、趣、雅的意境体现得淋漓尽致。

丰富与细腻

从江南民居建筑的单体空间、结构及装饰等提炼出传统江南民居建筑的符号，并在示范区建筑设计中传承，发展为北方特色的江南。将传统江南的戗板墙、牛腿柱、挑檐用现代的手法重新演绎，简化繁复的线条，并增加精心挑选和设计的塑木。

塑木为建筑增添了弥足珍贵的暖色基调，烘托着白色墙体，构建了系统而极富内涵的设计语言，使得建筑富有江南韵味，并清晰地表达了北方江南建筑隐逸诗化的特性与意境。人字脊、披檐窗简化为简洁硬朗的线条，勾勒出挺拔且清晰的标志性立面元素。粉黛色是江南传统建筑的又一鲜明的特点，这种黑白色彩在建筑外观上，成为江南传统建筑最为贴切的“质朴外衣”，适合江南水乡的气质和神韵，充分体现建筑的轻、雅、秀的特色。

有限造价与极致住户体验间的合理平衡，成为本次设计的核心所在，立面简化繁复的线条，配以金属、塑木等材质，体现了园区的精致与尊贵感，模块化的设计和冷暖相间的材料运用，兼顾整体性和差异性的双重考量。

在传统与现代、局部与整体的碰撞中，我们始终将丰富性与细腻感贯穿设计前后，将每个独有的生命体渗透于园区的丰饶之中，在整体中体会丰富性的魅力所在。既保留了江南水乡韵味的“形”，更重拾先锋和前沿的“意”，在这里看到的不仅是水乡的现在，也是江南的未来。

经济技术指标：

总用地面积：168662.918m^2

总建筑面积：429195.910m^2

容积率：1.1

建筑密度：30%

绿化率：30%

[5]

[6]

[7]

井美村

项目名称：东莞特色精品示范村东坑镇井美村美丽乡村规划设计

项目地点：广东省东莞市东坑镇井美村

业主单位：东莞市东坑镇政府

设计单位：东莞市乡村振兴局、东莞广州美院文化创意研究院

项目规模：176.72 公顷

设计时间：2020 年

竣工时间：2021 年 4 月

项目类别：工程实例——文旅景观类

主创人员：王润强、谢伟、吴谦、高明、汤志艺

[1] 鸟瞰图
[2] 红荔公园
[3] 井美风水塘提质改造
[4] 休闲广场
[5] 沙井头
[6] 井美多凤小学
[7] 井美风水塘景观提升

[1]

[3]

[2]

[4]

项目简介：

东莞广州美院文化创意研究院王润强教授主持的设计团队设计的“东莞特色精品示范村东坑镇井美村美丽乡村规划设计”，紧跟广东省、东莞市建设特色精品示范村的工作指导，重点开展了“十个一”工程为重点的创建工作。井美村面积为 1.77km^2，位于东莞市东坑镇中心地段，距离东莞市中心 26km，距离广州 94km，距离深圳 63km，具有良好的区位优势。

设计说明：

设计团队从挖掘村庄文化角度出发，重点进行景观提升设计，发挥专业优势，因地制宜，顺应自然，注重生态，科学规划，围绕“井”字文化，依托历史建筑、古村文化、红色文化、乡土文化、田园风光等，深入探索井美村人文特色、自然特色与乡村价值。

同时加强完善基础设施、加强生态资源的开发与保护、加强农业文化的产业链条、加强智能化生态宜居乡村建设，以此构建生态宜居乡村，打造第一批东莞特色精品示范村。

整个设计把生态循环贯穿其中，顺应乡村自身条件，就地取材，如风水池塘提质改造、进行生态修复并装置生态循环系统（现在是鱼欢水美、天鹅起舞），构建智能化生态家园，建设四小园，打造特色“草莓园”美丽田园，整个设计注重对于乡村环境的保护与修复。

设计理念：遵循“城”“乡”“居”“游”四位一体的发展理念，以“一村一品”为工作思路，以时代性为媒介（在村主干道路灯杆安装免费 Wi-Fi，利用村委已有政务服务平台，实现政务服务、市政缴费、警务、交通、医疗及学校服务的无缝对接），发掘共享岭南乡村“井文化”等文化特征，呵护建筑风貌、改造田园生态，酝酿“农有所耕、老有所依”的慢生活资源，打造宜居宜游的精致村落。

项目经济技术指标：

村庄规划总面积：176.72hm^2
居住用地面积：48.08hm^2
工业用地面积：29.52hm^2
农林用地：41.30hm^2

[5]

[6]

[7]

贵阳万科观湖

开发单位：北京万科企业有限公司
设计单位：华通设计顾问工程有限公司
主创人员：范黎、矫健、王维、金星、李钊、魏闽红、毕岩
设计时间：2019 年
建成时间：2019 年
项目地点：贵州省贵阳市经开区
项目阶段：建成项目
项目规模：小型

[1] 实景图 1
[2] 聚落东立面图
[3] 鸟瞰图
[4] 实景图 2
[5] 实景图 3
[6] 实景图 4
[7] 实景图 5

[1]

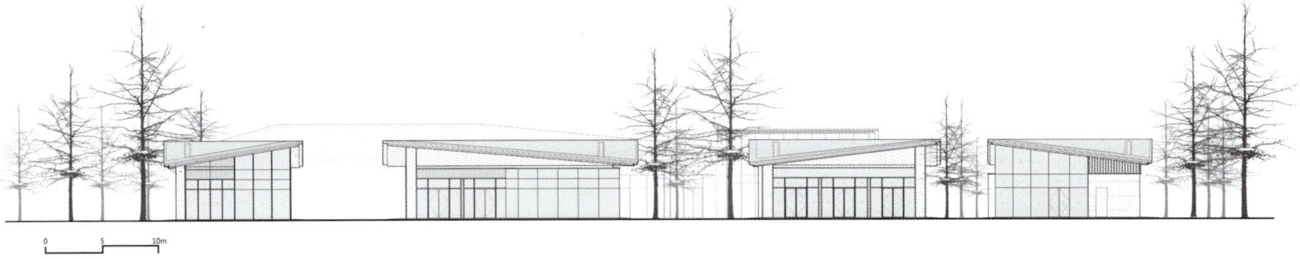

[2]

[3]

[4]

[6]

[5]

[7]

项目简介：

项目位于贵州省贵阳市经开区，东邻城市主干路，西邻水库景观，遥望四周青山绿水。

设计理念根植于项目用地得天独厚的景观条件，寻求建筑与环境的和谐共生，塑造“此时此地”的建筑和空间。

设计说明：

山水入境、步移景异的空间体验

示范区围绕水景呈聚落式分布，来访者由幽静的林道引入，峰回路转处，画框般的建筑空间展现在眼前，对面的山水景观则像画布一样定格在了框景之中，拉近了建筑与远处景观的距离；商街内部则通过错落有致的建筑排布，重塑了传统贵州民居的街巷空间，极大地丰富了游走之中的空间体验；售楼处位于商街的尽端，舒展的建筑形体和通透纯粹的玻璃幕墙，像一幅展开的长卷，窗外的青山秀水映入眼帘，将来访者置身山水之间。

精致纯粹、简洁内敛的建筑语言

建筑语言与地域文脉相结合，取意贵州传统民居的坡屋顶形式及周边山体起伏的自然轮廓。立面造型不追求刻意彰显，更多的是通过材质和节点的细腻表达，寻求建筑与环境和谐共生的平衡状态，并通过现代的工艺做法诠释传统的建筑精神。

多元配套，邻里式的街区生活

示范区的功能分布，注重结合山水景致，重塑生态健康的人居理念，打造居住区面向城市的公共会客厅。儿童教育场所、社区图书馆、社区食堂等小型便捷的复合配套功能区散点式布局，结合自然景观向社区内渗透，形成便捷亲切的复合型生态社区。

项目经济技术指标：

总建筑面积：2500m^2

容积率：0.1

绿化率：80%

知识产权出版社大厦

开发单位：知识产权出版社
设计单位：RhineScheme GmbH（德国莱茵之华有限公司）
主创人员：Wolf Loebel、李然、Daniele Baratelli、李鹏勇、杨雷
设计时间：2012—2013 年
建成时间：2016 年
项目地点：北京
项目阶段：建成项目
项目规模：32000m^2
项目类别：公建

[1] 实景图 1
[2] 实景图 2
[3] 实景图 3
[4] 实景图 4
[5] 实景图 5

[3]

[1]

[2]

[4]

项目简介：

本项目坐落在北京的西北部，紧靠北京北站。建筑面向一条新规划的城市干道，通过这条道路，与国家图书馆和二环路紧密连接。同时，项目周边拥有许多重要的建筑和功能区，如北京动物园、两所重要的大学、五塔寺、一些高档住宅和酒店等。由于地块位于两条道路的交叉路口附近，我们充分利用了这一独特特征，打造了一个大型的完全开放的公共广场；为了迎合出版社文化交流与融合的特点，开放广场也为人们提供了休闲与交流的场所。

设计说明：

项目建筑包括一幢朴素“庄严”的办公大楼，底部玻璃裙楼将主入口纳入其中。矩形平面的大楼为东西走向，塔楼位于地块东侧，为入口广场留出充裕空间。建筑共 15 层，高 60m，底部 3 层为零售空间，其余 12 层为办公空间。为体现独特企业文化，酒吧、餐厅、展览区和会议大厅等主要公共功能位于顶层，并采用全玻璃墙面，附近北京动物园的美丽景色尽收眼底。地块的开放空间部分为园林绿化，融入天窗设计，为地下餐厅提供采光。外立面材料的选用考虑了北京较为恶劣的气候条件，选择浅米色亚光面花岗岩和隔热效果出众的玻璃面板。

整个项目围绕文化交流及其相互关系的理念而展开，强调建筑的节能设计。我们旨在充分利用地块附近的地下水，将地下水作为建筑取暖和制冷系统的补给水，屋顶安置太阳能板，及设计适应当地气候的独特外立面等，更好地满足了现代化的标志性办公建筑的需求。

建筑单体的立面设计分为三个基本元素：底层的商业区以玻璃元素为主；中间的办公区为虚实结合的半透明的体块；最顶层的公共多功能区为通透的发光体。整个外观看起来如同一个轻盈的智慧盒子，飘浮在空中。建筑窗户的设计理念就像书架上的书，完美地展示了建筑乃至出版社的文化特性与定位。

对于立面材质和外表面设计，方案考虑到建筑使用的长久性和节能性，建筑主体外表面采用了天然石材结合节能玻璃窗，自然质朴的颜色和质地，体现出出版社建筑的文化特质。建筑体量简洁明快，三种元素混合使用，使得外表面变化中有统一，庄重又不失活泼。同时考虑到节能的问题，外表面还采用了建筑外遮阳系统。

经济技术指标：

用地性质：行政办公

建设用地面积：4941.36m^2

绿化率：30%

容积率：3.5

总建筑面积：约 32000m^2，其中地上建筑面积为 17300m^2，地下建筑面积约为 15000m^2

建筑高度：＜ 60m

停车数量机动车位：地上、地下共 250 辆左右

主要技术创新点：

体现绿色、环保、节能和可持续发展的设计理念。

打造富有趣味的空间。

充分利用地块附近的地下水，将地下水作为建筑取暖和制冷系统的补给水。

屋顶安置太阳能板，建筑外遮阳系统及适应气候的外立面。

京张高铁清河站

开发单位：北京铁路局站房工程项目管理部

设计单位：阿海普建筑设计咨询（北京）有限公司、中铁工程设计咨询集团有限公司

主创人员：Luc NEOUZE、姜兴兴、李凌、冯立超、武洋

设计时间：2016—2019 年

建成时间：2019 年 12 月

项目地点：北京

项目阶段：建成项目

项目规模：138299m^2

项目类别：公建

[1] 北侧立面图
[2] 鸟瞰效果图
[3] 高架桥上人视图

[1]

[2]

项目简介：

清河站位于北京市北五环以北，距北京北站 11km，海淀区清河镇小营西路与西二旗大街之间，西侧紧邻城铁 13 号线、京新高速公路高架桥，东侧既有办公楼又有住宅区，用地局促。西侧京新高速以西，视野开阔，有很好的西山景观资源。

清河火车站不仅作为冬奥会京张高铁的始发站，更承担着多种交通的运行和转乘功能，是集高速铁路、普速铁路、地铁昌平线、19 号线、13 号线及市政工程于一体的大型城市综合交通枢纽。清河站是 2022 年冬奥会基础设施工程，是京张铁路全线开通的控制性工程。

车站采用“上进下出”的旅客进、出站流线模式，地下 2 层为昌平线南延、19 号支线的站台层，地下 1 层为铁路出站大厅及通道、地铁进站厅及换乘通道、售票厅、行包库、行包通道、地下车库和城市慢行通道。首层为铁路进站大厅、大铁站台、生产生活用房、信号楼和 13 号线站台等；2 层为高架候车厅，夹层为候车厅商业平台。

清河站作为北京北城市交通枢纽新地标，建成后将实现高铁、地铁、轻轨、公交、出租、私家车完美零距离换乘，作为首都北部新的交通枢纽，极大地缓解北京北站等中心城区客流压力，优化铁路枢纽功能格局。

设计说明：

老清河站站房，是中国铁路之父詹天佑主持修建京张铁路的首批站房，始建于 1905 年，距今已有 110 多年历史。在清河站建设过程中，老站房整体位移了 84.5m，工程完工后，老站房移至新站房旁，并进行修缮作为博物馆永久保存。清河站成为京张高铁与京张铁路唯一一处新、老站房交相辉映、跨越百年同站同框的车站。

城市自然，曲线屋面

清河站整体造型概念来自于周边环境，屋面由东西向优雅曲线构成，西面逐步升起为候车厅赢得很好的西山视野，东侧逐步下降，与既有城市保持平静谦逊的关系。

竖向构图，古今对话

清河站整体的建筑设计手法，采用现代的建筑语言，体现了中国建筑的神韵。西立面由 8 根 A 形柱构成，形成 7 跨的竖向布局，强调竖向构图，体现出力量感与稳定感，结合屋面出挑，整体造型与北京传统的建筑有异曲同工之妙。同时建筑立面与结构相结合，使结构成为建筑立面不可分割的一部分，展现了结构的逻辑及美学。

经济技术指标：

用地面积：133110m^2

总建筑规模：138299m^2

建筑占地面积：35088m^2

容积率：0.24

建筑密度：26.4%

绿地占地面积：1510m^2

绿地率：1.1%

主要技术创新点：

结合现场情况与制约因素，高效率使用土地资源，节约征地成本及城市土地资源。

对于站区文物及老站设施进行整体保护与再利用，实现可持续发展，保留历史记忆。

在站房建筑设计中，以重结构轻装饰为原则，展现结构的美学与秩序。避免装饰的堆砌，降低车站的造价。

对于 BIM 软件的应用进行全程的伴随设计，为管线设计及其他专业提供三维直观的解决方案，使 BIM 作为设计过程的辅助而不是设计最终成果的体现。

在结构设计上，钢结构及混凝土结构进行整体设计分析、矫正。最大限度地减小专业间的图纸出错比例及现场施工的误差。

对于钢结构精细节点的设计，设计阶段采用 Abaqus 软件解决精细设计造成加工效果无法控制等问题。

[3]

平遥古城南门游客集散中心规划设计

开发单位： 平遥古城景区管理有限公司

设计单位： 北京大地风景旅游景观规划设计有限公司

主创人员： 吴朝阳、刘洳含、郭佳、宋小燕、待慧玲

设计时间： 2020 年 3 月

项目地点： 山西省晋中市平遥县平遥古城南门

项目阶段： 在建项目

项目规模： 84000m^2

项目类别： 文旅

[1] 总体方案鸟瞰图
[2]“汇通天下”节点景观效果图
[3] 汇通门效果图
[4]“明修城垣”节点景观效果图
[5]“吉甫筑城”节点景观效果图

项目简介：

作为世界文化遗产的平遥古城，年接待游客人次达 200 万以上，已经具备了良好的文化产业基础，具有国内知名度及国际影响力。为了进一步凸显平遥古城的国际地位，文化气质，有效缓解古城旅游高峰期交通拥堵的现象，解决平遥古城缺乏主旅游通道、组织混乱、设施不全、缺乏特色等问题，适时地提出了本规划设计方案。方案着眼于平遥县的总体格局，延展古城空间，打通旅游脉络，联动周边资源，塑造平遥古城的新窗口与新形象，助力“平遥国际旅游目的地”及“中国新一线文旅融合示范旅游城市”总体目标的实现。

设计说明：

项目设计通过提取平遥历史文化线索，再现古城的文化记忆，用空间讲述平遥建置沿革，打造古城变迁的时空长廊，提取“方与圆”的空间线索，景观造型上方与圆相辅相成，达到一种和谐与互补，体现中国人注重与天地环境和谐统一的审美心性，方正圆融、刚柔并济是中华民族的处世哲学，也是晋商的精神准则，这两种元素的运用，蕴含着平遥古城发展注重方圆兼济、亦刚亦柔的核心思想。

[1]

[3]

[2]

[4]

项目地所在片区呈现着今日平遥的繁荣，文化景观廊道串联起“新入口”与“古城区”，传达着古今的对话。以“一线千年，贯古通今”为理念，通过景观的表达手法，展示平遥的历史变迁和城市沿革，形成进入古城前的文化风景游览线。

由于保护规划的相关要求，在南门游客集散中心的建筑与景观设计中，最大化地强调风貌与古城的协调。所以设计游客中心广场为开放且下沉，文化廊道形成缓坡，将视线引导向古城。中心轴线之上布置古城及世遗的形象景观标识，阙楼建筑及游客中心沿着广场两侧弧形边界展开，充分打开古城的主景观通道。这样的设计方式，提升了远景古城的高度与气势，并加强了整体的形象感与秩序感。

作为核心进入空间，南门游客中心的设计中重点对现有交通进行了梳理。通过前期的车流量及流向分析，针对旅游大巴，自驾散客，步行游客分别引入独立的交通进入方式。大巴主要在外环行驶和停泊，减少对古城的车流干扰；增加地下停车区，开辟多个地下快速进、出口，减少自驾车的道路集聚，加强车辆的系统化秩序化管理。

经济技术指标：

总用地面积：84337m^2

总建筑占地面积：4932m^2

总建筑面积：8054m^2

不计算容积率建筑面积（廊架等公共设施）：224m^2

总绿地面积：29875m^2

公共活动场地面积（道路铺装）：40083m^2

地上停车位：348 个

地下停车位：2894 个

建筑密度：0.58%

绿地率：35%

容积率：0.95

主要技术创新点：

时间脉络提炼，空间古今融合

方案设计中把时间与空间进行融合——从平遥建置发展出发，提取重大历史事件及时间节点，通过空间格局，文化雕塑，景观种植，石雕艺术等元素的创意表达，展现平遥古城从古至今生产，商贸与生活的变迁过程。

突出古城风貌，丰富休闲感知

南门游客集散中心的建筑风貌与平遥古城相协调，开放且下沉式设计游客中心广场，广场之上布置叠水，结合阶梯形成休闲空间，并采用山西大院中“四水归源”的景观表达方式，配合雨水收集系统，形成观赏与实用性相结合的流动空间。

引导交通分流，重塑游览系统

规划设计外围高速及国省道 + 内部县道及城市道路 + 古城内步行与自行车、电瓶车道的三层交通结构。设置多向进出，快进快出，外环集散的车流组织。大巴车采用环城集散，向东门引流，减少对古城的干扰，自驾车以南门为主要停车区域，在此换乘电瓶车、自行车或步行进入古城。节约用地，增加地下停车区，减少车辆的地上路面集聚。

植入创新业态，引导古城外围更新

结合游客中心空间，布置“平遥风物记”文化创意产业示范业态。通过文创产品的开发，民俗元素的再创，平遥故事的提炼，从多个维度、多种感知方式打造场景化体验空间，创意化平遥产品。与故宫文创、中国传媒大学、浙江传媒大学全方位合作，形成文创产业的孵化与示范基地。

[5]

温江都市现代农业高新技术产业园高品质科创空间规划

开发单位：成都温江区都市现代农业高新技术产业园管理委员会

设计单位：北京清华同衡规划设计研究院有限公司

主创人员：彭剑波、贾文军、丁杨、黄志清、赵谦、刘安琪、高红玉、崔雪娜

设计时间：2020 年 7 月

项目地点：成都温江区

项目阶段：方案项目

项目规模：51 万 m^2

项目类别：其他

［1］景观生态蓝图
［2］“花园里科研、公园里创新”的科创空间
［3］“农科之芯”鸟瞰图
［4］街区空间活力共享

项目简介：

成都的温江区，自古以来就是农业强县。温江都市现代农业高新技术产业园（以下简称“温江农高园”）是全市 66 个产业功能区中唯一一个以农业科创为核心的产业功能区。

温江农高园按照“三生融合”的理念积极打造高品质科创空间——“农科之芯”，基地紧邻四川农业大学，周边农业科创要素集聚，10 分钟时空圈内集聚四川农业大学、成都市农林科学院、四川省食品发酵工业研究设计院、成都农职院等农业高校、院所 4 所，西南财大、成都中医大等涉农高校院所 19 所。

设计说明：

按照成都市产业功能区及园区建设工作领导小组第六次会议对建设高品质科创空间的要求，对标《成都市建设高品质科创空间行动方案》，温江农高园高位谋划高品质科创空间建设，奋力打造成都都市现代农业产业生态圈高品质科创空间先行样板区。

温江农高园按照“三生融合”的理念，规划建设核心起步区——

［1］

［2］

［3］

“农科城”约 $2km^2$，包含高品质科创空间——“农科之芯” 51 万 m^2。

“农科之芯”定位为都市农业科技创新策源地，打造科创高能级、场景高颜值、生活高品质、治理高效能的“农科之芯”。其使命是承担国家级农高区的科创核心、引领四川农业强省的重要支撑、共担成都都市农业高地的关键抓手、擎动温江城乡融合的有力依托。

在空间布局上，“农科之芯”规划“两环五组团”空间布局，“两环”即生态融合环、产业融合环，“五组团”即科创服务组团、创新总部组团、大学科技园组团、科创国际社区北组团、科创国际社区南组团。

经济技术指标：

“农科之芯”总体规划范围 51 万 m^2，其中净用地面积 $343000m^2$，总建筑面积 73 万 m^2。

主要技术创新点：

科创高能级

按照温江农高园总体规划，紧紧聚焦农业高新技术创新引领，以科创引领、产城融合、职住平衡为导向，高起点规划建设“农科之芯”。

场景高颜值

在功能复合上，“农科之芯”打造集研发设计、创新转化、场景营造、社区服务“四位一体”的科创空间。

在产业空间上，“农科之芯”通过农科坊、农科苑、农科塔 3 类科创空间，实现花园里科研、公园里创新。

在空间形态上，“农科之芯”打造“单体建筑生态有景、组群布局互通有廊、第五立面生态有序、高度控制层次有致、多元场景丰富有趣”的特色空间。实现 60% 办公连廊、70% 地下空间利用，100% 绿色建筑。

在景观特征上，“农科之芯”按照“开敞透绿、以农造景、融产创园、文化浸润、功能定制”的生态蓝图，形成 300m 见绿、500m 见园、绿化覆盖率≥ 60%（含垂直农场、屋顶花园），实现 3 万 m^2 可食地景，2.5 万 m^2 垂直农场。

生活高品质

构建“四区协同”的生活配套体系。按照“关键配套在园区、综合配套在周边”的思路，着力 10 分钟生活圈构建和“5G 智慧 +”先行示范区打造，通过温江南部城区、公平街区、川农大校区、科创园区的“四区协同”，布置便捷、均衡、优质的服务设施，打造宜居宜业、可持续发展的高品质科创空间。

构建“1+5+N”生产服务体系。1 个“一站式”综合服务中心，5 个专项化服务平台（人才综合服务平台、双金三角交流平台、创新金融服务平台、技术转化应用平台、市场宣传推广平台），N 个第三方机构。

建设“四畅”交通保障体系。以“域畅其流、人畅其行、车畅其道、物畅其达”为目标，优化 28 号线支线线形、延长 BRT5 号线，增设上跨成温邛高速跨线桥，建设片区智慧化全街道管控系统以及智能化集成物流配送系统。

治理高效能

搭建“政产学研用投”创新联盟。坚持“一个脑袋两只手”理念，激活六大创新主体，形成“生产服务平台化，生活服务智慧化，政务服务产政化”的综合服务体系。

搭建“1+1+4”政务服务体系。建立跨区协同的政务服务中心、产业依托的综合党委和精准对接的社区党总支。

[4]

通州万国城 MOMA

开发单位：北京润锦房地产开发有限公司

设计单位：北京清华同衡规划设计研究院有限公司

主创人员：刘智斌

设计时间：2016 年 5 月

项目地点：北京市通州区玉桥西路

项目阶段：在建项目

项目规模：21.7 万 m^2

项目类别：住宅、公建、商业

[1] 鸟瞰图
[2] 立面细节图
[3] 人视图

[1]

项目简介：

万国家园位于北京市通州核心区，玉桥西路和艺苑东街交会处东北角。区位优势突出，三大商圈聚合，五大公园环绕，紧邻新市政府，六横三纵四枢纽，四维立体路网，通达全北京。项目集绿色科技住宅、精品商业、艺术博物馆等多业态功能为一体的绿色生态居住社区。

项目的建筑风格以运河文化为底蕴，采用高端住宅常用的新古典主义风格，经典三段式设计，在西方经典中窥见东方神韵，为首都城市精英量身定制绿色科技 + 舒适节能 + 移动互联的

[2]

全生命周期生活家园。

万国家园包含高层建筑、多层建筑；从功能上包含住宅、底商、办公、配套公建；住宅部分朝向全部为南向，以保证各居室最好的朝向。通过使用规划设计、建筑设计、景观设计等手段将各空间整合为一个有机的整体，并利用道路及景观结合开发时序将其分割开来，形成相对独立又紧密结合的整体。营造一个宜居的、充满活力的高品质社区。

设计说明：

万国家园为住宅、办公、商业开发项目，坚持“以人为本、环保节能”的原则。在规划设计中，从满足人的需求出发，充分考虑住宅区的适居性和归属感以及开放社区的概念，小区东侧不设置围墙，形成统一的整体；办公商业区则力求体现出活跃、时尚的建筑环境氛围，力求营造出具有文化气息和积极向上的人文环境，引领消费者创造新的生活方式。针对基地的地域文脉、地理特征和现状条件进行规划设计，形成具有独特街区肌理的规划格局，创造一个优雅宜居，自然和谐并具有独特风格和市场竞争力的高品质住宅。坚持经济适用原则，在控制成本的前提下，要充分考虑耐久性和舒适性，体现高品质。产品功能属性具有多元化的特征，尽量具有弹性、可发展性，从衣、食、住、行、娱乐、休闲等全方位满足居住，办公要求。

经济技术指标：

项目建设总用地规模：42873m^2

总建设用地规模：35998.229m^2

腾退道路用地规模：5039.097m^2

腾退绿化用地规模：1835.674m^2

总建筑面积：216714.75m^2

地上建筑面积：151193.00m^2

总户数：773 户

容积率：4.2

限高：80m

建筑密度≤ 30%

绿地率≥ 30%

住宅部分停车位数：928 个

配套商业及办公停车位数：344 个

主要技术创新点：

万国家园项目将打造成一个绿色建筑设计三星标识、运营标识的绿色建筑群，按照国际建筑协会的 WELL 健康建筑标准，从空气、水、营养、照明、健康、舒适和心理七大体系全维度呵护优质生命状态，全方位打造健康社区。

技术创新的核心是从整体规划上将科技与智能渗透到生活内层，将未来生活方式提前兑现。

以取暖制冷的独特解决方式 + 空气质量的独特解决方式 + 能耗运行费用降低的独特解决方式为核心，涵盖外遮阳系统、顶棚辐射系统、全置换新风系统、地源热泵系统、隔声降噪系统、高性能外窗及 Low-E 玻璃系统、外墙保温系统、同层排水系统、智能化系统，从“温度、湿度、空气、阳光、声音、水”六大基本生命元素出发，塑造“恒温、恒湿、恒氧、恒静”的健康舒适居住环境。

采用 BIM 技术，应用于工程设计建造管理，通过参数模型整合各种项目的相关信息，在项目策划、运行和维护的全生命周期过程中进行数据共享和传递，使工程技术人员对各种建筑信息做出正确理解和高效应对，为设计团队以及包括建筑运营单位在内的各方建设主体提供协同工作的基础，在提高生产效率、节约成本和缩短工期方面发挥重要作用。

[3]

北京 2020 年世界休闲大会维景酒店与商业街区项目

开发单位：首创置业
设计单位：北京五衡建筑设计事务所有限公司
主创人员：谢国杰、施泽学、童军杰
设计时间：2018 年
建成时间：2021 年
项目地点：北京市平谷区金海湖镇
项目阶段：建成项目
项目规模：酒店：43210m²
商业街：19727m²
项目类别：公建、商业、文旅

［1］世界休闲大会维景酒店立面细节
［2］世界休闲大会商业街鸟瞰图
［3］世界休闲大会维景酒店鸟瞰图
［4］世界休闲大会商业街连廊
［5］世界休闲大会维景酒店内部庭院

[2]

[1]

[3]

[4]

项目简介：

“居繁华而不乱，处静谧而不慌。”落址于北京平谷金海湖畔，集文化旅游、休闲度假、商务会议、购物娱乐、品质居住等为一体的休闲度假小镇——金海休闲小镇恰好契合了当下人们的物质与精神的双重需求，本次项目设计包含世界休闲大会维景酒店与商业街区两个项目。

2020 世界休闲大会酒店坐落于北京平谷金海湖畔，是北京近郊首座低密度花园酒店。设计将酒店的居住空间和中央庭院结合到一起，从中国传统建筑文化中汲取灵感，并以一种全新的设计手法和建造技术，定义现代顶级酒店设计。

2020 北京世界休闲大会商业街位于北京市平谷区金海湖畔，紧邻世休会主场馆，商业街与世休会同时启用，辐射整个世界级休闲度假小镇——禧瑞金海。在研究传统民居聚落文化和传统院落文化的基础上，世休会商业街的创作引入中国文人山水哲学思想，既展示了中国传统文化美学，又提升了整个禧瑞金海小镇的区域文化氛围。

设计说明：

维景酒店整体规划建设地块规整，共 9 栋主体建筑。在设计中，建筑屋盖融入“荷花”母题的设计元素，9 栋建筑屋盖好似 9 朵荷花，点阵式分布在项目用地的四周，形成“荷塘”意向，创建了一种“曲院风荷”的居住体验。建筑顶部屋盖没有沿用传统四边形屋盖形式，转而创新设计六边形屋盖。项目在酒店主入口、次入口、前院、后院、建筑底层、建筑平台处，设有多层次、立体化园林空间，设计规划多种功能空间，同时又提供更多的休憩节点，项目庭院设计形成“院中有园，园中有景”的高品质酒店环境。庭院和二层悬挑空间围合成了一个酒店入口空间，底部对称斗拱配合水景绿化，创造了一个底部没有遮挡的酒店内外的过渡空间。这样设置的入口空间，适应了一年内各种天气情况，便利出行。

商业街区屋顶以周边山势起伏的轮廓线为原型，通过屋面变形错动，使连续的折线形屋顶天际线与背景山脉景观相协调，建筑融入周围的自然环境之中，商业沿街的连续折面屋顶，就如同山脉连绵起伏，形成世休会建筑群特有的自然气质。建筑整体以传统商业街区尺度为基础，采用聚合的小体量，编织相邻建筑之间的肌理。设计师以错动的手法柔化建筑边界，建筑尺度与环境空间尺度平滑过渡，融为一体。

经济技术指标：

维景酒店经济技术指标

总用地面积：17365m^2

总建筑面积：43210m^2

地上建筑面积：22548m^2

地下建筑面积：20662m^2

容积率：1.3

建筑密度：31%

绿地率：31%

机动车位：256 辆

商业街经济技术指标

总用地面积：14660m^2

总建筑面积：19727m^2

地上建筑面积：15878m^2

地下建筑面积：3849m^2

容积率：1.08

建筑密度：34%

绿地率：35%

主要技术创新点：

酒店建筑顶部屋面没有沿用传统双坡屋顶形式，创造性地设计六边形屋顶，屋顶中部高四周低，出挑深远，屋檐处有上挑设计。只有在满足建筑施工技艺较高的要求和充分保证建筑材料质量的前提下，才能实现建筑外观形式自由伸展的意境美。

商业街整体结构体系灵活性较强，连接相对自由，空间的可创造性丰富；屋面采用传统的咖色水泥瓦铺设，立面采取玻璃幕墙和灰色砖纹墙相结合，既传统又现代，是平谷区传统建造与现代技术的有机结合的典范，也是平谷新中式建筑的一次探索。

[5]

乐谷养老产业（颐年园三期东部养老服务基地）

设计单位：广州大学建筑设计研究院

主创人员：刘洪麟、罗文、邝志峰、王浩、罗晶

设计时间：2020 年

项目地点：广州市黄埔区

项目阶段：在建项目

项目规模：建筑面积 10 万 m^2

项目类别：公建

[1] 乐谷鸟瞰图
[2] 低点透视图
[3] 夜景效果图
[4] 鸟瞰图
[5] 立面效果图

[1]

[2]

[3]

[4]

[5]

项目简介：

项目位于黄埔区开创大道以北、萝颐西路以南，项目紧邻广州地铁 6 号线暹岗站和规划地铁 21 号线，交通便利。两大地块之间为广州市老年病康复医院，周边配套设施完善，环境风景宜人。项目为专属养老设施用地，设计计算容积率面积 10.3 万 m^2，总建筑面积 13.4 万 m^2。其中不计算容积率建筑面积包括地下 3.1 万 m^2，地上（架空）3000m^2，不计算容积率面积将考虑综合开发利用。

设计说明：

项目定位为广州市中高端持续照料退休社区（CCRC）的标杆性项目，提供自理、介助、介护一体化居住服务。

提供温馨和谐的居住体验

项目力求塑造一个高端园林化社区，通过一体化庭院打造，结合连廊、空中花园、下沉庭院等立体空间开发，以及温馨的室内外暖色调运用，共同塑造一个城市中心的静谧安详社区。

设置便捷高效的服务流线

项目运用缜密与开放相结合的设计思路，在避免各类流线交叉的同时，通过纵横连廊的运用，以及高效合理的房间布置，达到最优的空间组合，提升服务效率。

挖掘沿街地下的商业潜力

项目通过巧妙设置非机动车库与人防的方式，最大化利用了地下空间，用于养老设施的配套和未来的商业开发，结合沿街面的丰富空间与业态设置，展示了最大化的商业面积。

考虑灵活可变的空间模块

项目户型采用标准化模块设计，在舒适的前提下，尽可能实现养老居住用房的数量最大化，同时考虑地下停车空间的经济性。模块化设计有利于未来空间转换和灵活分割，也有利于降低采购成本。

经济技术指标：

项目总用地面积：32459m^2
总建筑面积：106905m^2
计算容积率面积：78960m^2
不计算容积率面积：27946m^2
最大建筑高度：53.9m
最大建筑层数：16 层
机动车位：地上 12 个，地下 393 个
非机动车位：2428 个

主要技术创新点：

1. 形体上，通过不同的立体维度打造庭院空间，为老人提供丰富的景观节点和活动场所，利用连廊使各个庭院空间串联为整体。
2. 因地制宜，利用场地特点，紧凑布局，通过围合和退缩形成一个大型有丰富层次的庭院，创造小型和微型庭院空间，以及局部架空层，以适应岭南地区气候。
3. 扭动式布局有利于修正不利朝向的视觉方向。
4. 形成相对完整的沿街界面，为外部营造开放包容的配套广场空间。

紫云岭森林公园总体规划

开发单位：黑龙江双鸭山市四方台区政府建设局
设计单位：广州大学建筑设计研究院
主创人员：陈伟昌、骆尔提、郑亚军、赖斯琪、林圣妮、陈春秀、周志勇、高斯婷、梁锐才、孙丽萍
设计时间：2018 年 10 月
项目地点：黑龙江双鸭山市四方台区紫云岭地区
项目阶段：方案项目
项目规模：5150000m^2
项目类别：文旅

[1] 规划总平面图
[2] 东门栈道效果图
[3] 总体鸟瞰图
[4] 主峰效果图 1
[5] 东门广场效果图
[6] 主峰效果图 2

项目简介：

本项目建设地点位于黑龙江双鸭山市四方台区紫云岭地区，地处双鸭山市的东北部，东北与集贤县接壤，东南与宝山区相连，南与双鸭山农场分界，西与尖山区毗邻。

紫云岭森林公园总占地面积 5150000m^2，花卉集中观赏区域面积 3000000m^2。这里的野生兴安杜鹃生长面积大、色彩艳丽，全省少见，是当地独特的自然风景。每年的 5 月初漫山遍野开满姹紫嫣红的兴安杜鹃，成为了省内外摄影爱好者拍摄的聚集地。然而在非花时节，紫云岭森林公园则游人稀少，园内基础设施不完善，活动项目亦存在不足，缺乏吸引力。

近年来，双鸭山市大力发展北大荒风光旅游区建设，培育了红色体验游、满源探祖游、湿地生态游、界江风情游四大旅游精品，

[1]

[2]

[3]

[4]

[5]

打造了乌苏里江、珍宝岛、雁窝岛、“挹娄王城”四大旅游品牌，树立了“北大荒之都——双鸭山”的旅游主题形象。

设计说明：

规划指导思想

在优先保护和修复紫云岭生态和自然风景资源的前提下，突出兴安杜鹃主题，结合种植花海形成花卉产业，以产业带动旅游，把紫云岭森林公园打造成为以自然保护和自然风景资源培育、近郊生态旅游、科普教育为主体功能的城市生态游公园。

规划目标

充分利用紫云岭杜鹃花景观的吸引力和良好的生态基底，进一步补植兴安杜鹃，丰富植物品种，恢复保护紫云岭的生态，完善山体绿化，拓宽景观资源并形成产业资源，将紫云岭公园发展成在三江平原具有一定影响性，环境优美、配套设施完善、活动内容丰富、人与自然和谐的城市生态公园，促进旅游经济发展。

规划定位

结合双鸭山全域旅游，将紫云岭森林公园建设主题为春秋赏花、冬赏松，具有黑土文化特色及提供赏花、摄影、农业观光、运动自驾、露营度假的多样生态旅游方式的森林公园，并结合种植花海形成花卉产业、康养产业，促进经济发展。

设计主题

提出“缤纷花海，温暖冬季”的设计主题，丰富紫云岭森林公园赏花景观，填补杜鹃花期短的不足，增加其他适合种植的花卉，使之四时开花。集当公路的景观视线上满目花海，既强化紫云岭森林公园的花海品牌效应，又丰富、美化四方台城市界面，形成花卉产业发展。在冬季时段，紫云岭公园大部分地区不能游玩，利用观光农业大棚可具有多业态的特性，可开展各式温暖冬季的游玩活动，如观赏盆景栽培、室内观赏植物栽培、迎春花市展销活动、亲子活动、社团聚会等，

[6]

使大棚成为寒冬季节的室内休闲娱乐活动场所，改变人们冬天的活动方式。

经济技术指标：

公园总面积：5150000m^2

建设用地：36000m^2

道路面积：63000m^2

硬地面积：56000m^2

水库面积：286300m^2

主要技术创新点：

1. 借紫云岭兴安杜鹃的名声，种植花卉衬托出紫云岭景观效果，并形成花卉产业，带动本地区的产业发展和旅游资源的发展。

2. 在利用大棚发展高新农业的基础上，发展多种业态，如盆景栽培、室内观赏植物栽培、迎春花市展销活动、亲子活动、社团聚会等，使大棚成为寒冬季节的室内休闲娱乐活动场所，改变人们冬天的活动方式。

方圆·月岛首府（珠海）

开发单位：珠海市方圆明臻房地产有限公司
设计单位：广州市方圆建筑设计有限公司
主创人员：温敏华、朱莉莉、冯小颜、易振华、江琦珺、李和峰
设计时间：2019 年
建成时间：2020 年
项目地点：广东珠海
项目阶段：建成项目
项目规模：40000m^2
项目类别：住宅

[1] 总平面
[2] 效果图
[3] 实景图 1
[4] 实景图 2
[5] 实景图 3
[6] 实景图 4
[7] 实景图 5

项目简介：

方圆·月岛首府（珠海）项目距离海岸线约 1.8km，近海而不临海。项目定位为滨海度假风格的高端洋房社区，以大海提炼设计主题元素，通过布局形式，格调精美的艺术品，富有质感的材料，打造品质人居空间，规划有约百平米的泳池和养生泡池，集旅游、度假、养生功能于一体。项目整体规划 11 栋两梯四户三房四房产品，宜投资宜自住。项目作为未来城市界面的重要节点，以拥抱未来的姿态、鲜明的个性、对美学与空间的极致追求，成为刷新城市天际线的崭新名片，同时为城区带来内外兼修的生活品质提升。

设计说明：

方圆·月岛首府（珠海）以简洁线条与经典人居元素，结合简约配色，形成现代、美观而干练的建筑立面，将建筑

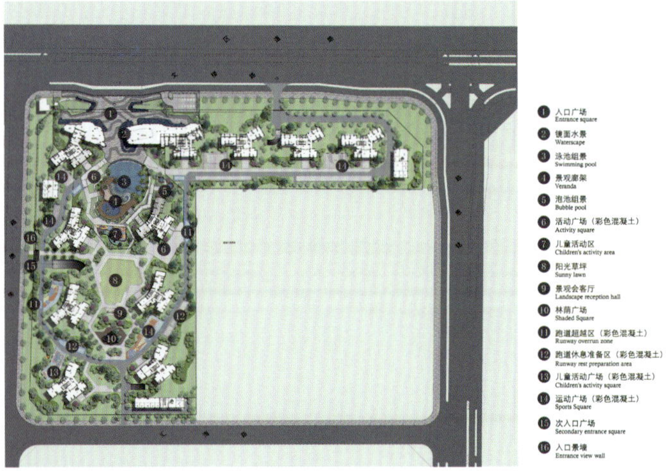

[1]

[3]

[2]

[4]

[5]

[6]

以合乎区域整体环境的角度布局，形成错落有致的建筑群落，勾勒成这里独特的天际线。考虑到珠海环境气候特征，以滨海度假气息的“椰风海韵”为园林主题风格，置身其中，推门便已开启度假人生。

经济技术指标：

总用地面积：45124.15m^2

容积率：3.00

绿地率：46.97%

住宅总户数：1204 户

建筑基地面积：7134.6m^2

景观设计总面积：39950m^2

主要技术创新点：

1. 雨水花园

（1）能够有效地进行雨水渗透；能够有效地去除径流中的悬浮颗粒、有机污染物以及重金属离子、病原体等有害物质；

（2）通过合理的植物配置，雨水花园能够为昆虫与鸟类提供良好的栖息环境；

（3）雨水花园中通过其植物的蒸腾作用可以调节环境中空气的湿度与温度，改善小气候环境；

（4）雨水花园的建造成本较低，且维护与管理比草坪简单；

（5）与传统的草坪景观相比，雨水花园能够给人以新的景观感知与视觉感受。

2. 植草沟

植草沟指种有植被的地表沟渠，可收集、输送和排放径流雨水，并具有一定的雨水净化作用，可用于衔接其他各单项设施、

[7]

城市雨水管渠系统和超标雨水径流排放系统。植草沟应满足以下要求：

（1）浅沟断面形式宜采用倒抛物线形、三角形或梯形。

（2）植草沟的边坡坡度（垂直：水平）不宜大于 1：3，纵坡不应大于 4%。纵坡较大时宜设置为阶梯型植草沟或在中途设置消能台坎。

（3）植草沟最大流速应小于 0.8m/s，曼宁系数宜为 0.2~0.3。

（4）转输型植草沟内植被高度宜控制在 100~200mm。

3. 透水铺装

（1）雨天，透水道路表面没有积水，道路防滑性能优良，增加路面安全性和通行舒适性；

（2）采用透水混凝土路面，可以减少或者取消道路排水管网的设置，降低道路总体成本；

（3）雨水通过透水混凝土渗透，还原成地下水，增加土壤湿度，恢复土壤微生物的生存环境，生态环保；

（4）调节地表问题，减缓热岛效应；

（5）透水道路的孔隙率较大，具有吸音作用，可减少环境噪声。

鹤山云山诗意邻里中心

开发单位：鹤山市富都物业发展有限公司

设计单位：广州市方圆建筑设计有限公司

主创人员：娄彦峰、郭志荣、赵汝豪、何洁、刘志军

设计时间：2019 年

建成时间：2020 年

项目地点：广东江门鹤山

项目阶段：建成项目

项目规模：2406m^2

项目类别：公建

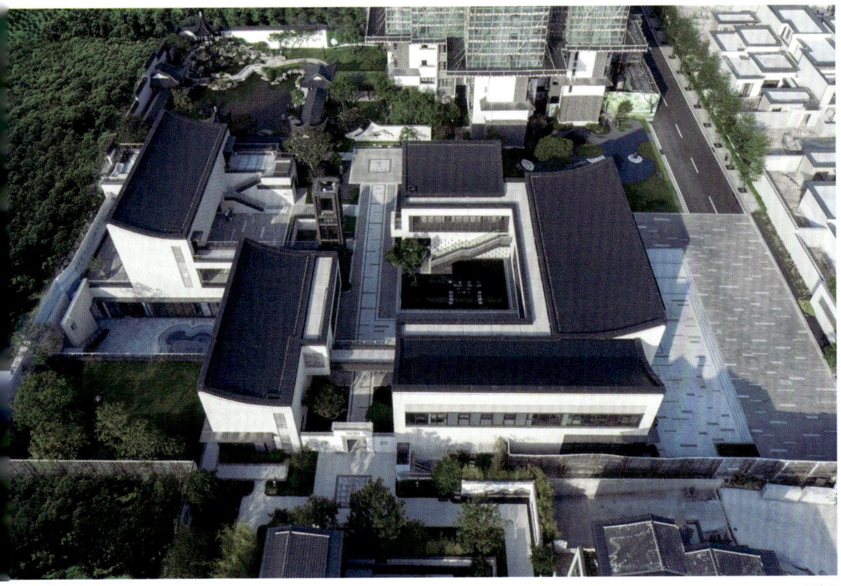

[1] 实景鸟瞰图
[2] 剖面图
[3] 效果图
[4] 内庭院实景图
[5] 社区交往大院子实景图
[6] 玻璃砖透光效果实景图
[7] 下沉庭院实景图

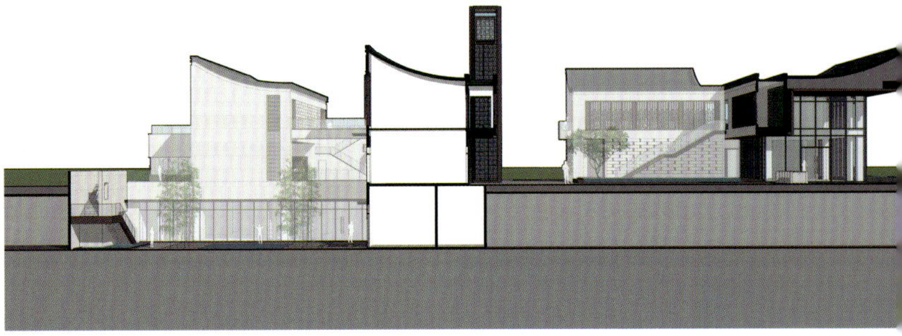

[1] [2]

[3]

[4]

[6]

[5]

[7]

项目简介：

鹤山云山诗意项目，位于鹤山市北拓龙头谷埠新区（城市副中心）核心，佛开高速大雁山出口旁，东至雁塔路，西至雁汇路，北至鹤山大道，南至雁前路。用地总面积 182630.99m^2，总建筑面积为 477242.16m^2，综合容积率为 2.10。邻里中心位于楼盘中央位置，辐射内部各个住宅组团。

设计说明：

“院”是中国传统建筑空间组织的基本单元，是中国人居生活的物质载体。“院”空间本身具有的封闭、内聚、稳定的特征，与中国人的家庭观念和精神追求高度契合，吟诗饮茶、会友宴客、小儿嬉戏等生活场景都离不开一方院落，“院”逐渐成为中国人家庭生活的核心。如果说家是小院子，那么邻里中心作为社区交往的核心就是一个大院子。超市、健身、影音、书吧等现代生活需求的引入，成为设计的切入点，将院空间进行连通切割，打破原有的封闭形式，结合交通流线向社区打开，重塑形成开放、共享、活力的社区交往空间。

经济技术指标：

基底面积：1460.3m^2

建筑面积：6312.9m^2

主要技术创新点：

通过庭院调节小建筑群落的气候，外墙幕墙引入镂空砖，同时把镂空的肌理沿用到室内空间。

长白山鲁能胜地原乡客栈

开发单位：吉林鲁能漫江生态旅游开发有限公司

设计单位：昂塞迪赛（北京）建筑设计有限公司（规划、建筑、景观）；北京杰地亚建筑咨询有限公司（室内）

主创人员：王勇、陆轩、张亚男、卜祥征、赵英男

设计时间：2015 年 12 月

建成时间：2016 年 12 月

项目地点：吉林省白山市抚松县漫江镇长白山鲁能胜地

项目阶段：建成项目

项目规模：4710.74m^2

项目类别：文旅

[1] 实景鸟瞰图
[2] 标准大炕房
[3] 院内实景图
[4] 一居豪华大炕房
[5] 正门实景图

项目简介：

长白山鲁能胜地原乡客栈项目位于长白山旅游区池西区长白山鲁能胜地，胜地距举世闻名的长白山天池直线距离 25km。长白山鲁能胜地致力于打造国际生态旅游度假示范基地，总建设用地 6420000m^2。地处全球山地度假的黄金纬度带北纬 41°，森林覆盖率高达 85%，PM2.5 常年为优，是天然的“森林氧吧”和“森林疗养院”。目前区内已建设完成多家国际顶级品牌独家酒店、滑雪场等，是集冰雪运动、温泉康养、文化体验、休闲运动为一体的国际一流旅游度假胜地。

其中长白山鲁能胜地原乡客栈紧邻湿地公园及现状原始森林，自然条件优渥。秉承“轻质、环保”开发理念，全力打造关东风情特色客栈。在规划、建筑、内装、景观设计中以优渥原始森林为背景、以东北民俗文化为魂，在塑造完整的生态自然的木屋度假村落同时，更对满族文化同中原文化相融合进行探索。

项目注重健康、环保、节约资源、能源，发挥民族特

[1]

[3]

[2]

[4]

色促进低碳、可持续发展，从根本上将当地的地理、民情与项目规划、建筑、景观设计有机结合起来，打造出融合环境、建筑、人文、心理需求于一体的旅游度假体验，为推动我国人居建设全面、协调、健康、可持续发展起到积极的探索作用。

设计说明：

项目所在地区为长白山区域，围绕区域内以满族文化与中原文化相融合而形成的特色民俗风情文化，形成既具有东北文化内容，又充盈着中原地区汉文化理念的融合型文化形态。其中东北地区如“窗户纸糊在外”“养活孩子吊起来”等习俗，既有满族先民的生活习惯和民俗基础，又有中原文化的融入。在三面有暖炕的居室里落座领略满民族的种种习俗风情，独具魅力。

从设计上，依据东北传统民居建筑的形态、特色以及构成要素，设计使用自然材料，继承当地民居传统的木屋建筑形态和空间尺度，且保留了东北独特的木屋内部空间。户内分区明确，动静分离；户户景观朝向良好，自然通风。设计充分考虑了当地生活习惯，并且保留了原汁原味的雪乡氛围，力求传承文化与现代高端度假生活相融，让人感受和体验独特的长白原乡文化空间。

经济技术指标：

占地面积：24958m^2
总建筑面积：4710.74m^2
容积率：0.19
绿化率：62%
客房总数：51 套

主要技术创新点：

1. 项目采用的轻型木结构体系，属装配式建筑的一种，龙骨为 38m × 184m 规格木龙骨，外墙外侧为 OSB 板及装饰木挂板，内墙为水泥压力板及石膏板等封面，无大型构件，无需吊装等安装工序，无湿作业，不受寒冷天气限制，施工周期较快，非常适合原乡客栈以及相似体量小、建筑特色浓郁的项目。
2. 项目采用电热膜（远红外）采暖设备，电热膜供暖是以电力为能源，通过红外线辐射进行传热的新型供暖方式。

[5]

红豆香江华府

开发单位：江阴红豆置业有限公司

设计单位：加创拜克建筑规划设计咨询（上海）有限公司

上海三益建筑设计有限公司

无锡市建筑设计研究院有限责任公司

主创人员：梁晓楠、周家骁、钱庆、朱良璞、李卫、赵金彪

设计时间：2019 年 6 月

项目地点：江苏省无锡江阴临港新城

项目阶段：在建项目

项目规模：650000m^2

项目类别：住宅、商业

[1] 总平面图
[2] 住宅透视图
[3] 商业鸟瞰图
[4] 商业透视图

项目简介：

本项目位于江苏省无锡江阴临港新城，地处长江三角洲区域的中心和江苏沿海沿江的交汇地带。北靠长江，南接无锡，西连常州，是打造中的江阴城市副中心。项目地块西侧及南侧为申港路和公园路两条主干道，东侧为人民路。项目面临中央公园，背靠长江，南侧为中央公园绿地景观带，东侧紧临河道沿岸，周边环境优美。

本项目分四个地块，A 地块为高端商业项目，BCD 三个地块为高端住宅项目。其中 A 地块是集休闲、购物、餐饮、娱乐等功能于一体的大型商业聚集体，主要功能为商业、酒店与办公。商业综合体与江阴的历史文脉相呼应，塑造的人文氛围，让项目能更好地聚集人气，为临港消费者打造一个现代、吸引人的新型时尚购物中心。

住宅项目主要产品为高层、洋房、联排别墅，其中 B 地块以高层和洋房产品为主。C 地块以高层、洋房、联排别墅产品为主。D 地块以高层和联排别墅产品为主。

设计说明：

商业综合体项目以地块的形状展开，整体布局呈舒展的流线型。其主要入口设于整个地块南面，面向城市的最显著位置。在红豆万花城的东侧、西侧及北侧均设有商业出入口。在基地北侧、南侧、东侧设有地下停车库车行入口。东部是条形的商业体，4 层高度。超市位于项目的西侧，交通方便。整个项目建筑的布局设计满足规划退界的要求。

住宅套型设计充分考虑本地生活习俗和居住习惯，功能分区

[1]

[2]

[3]

明确，公共与私密空间分区，动静分区，洁污分区；合理安排各功能空间的关系，减少交通面积，采用多样化户型设计，满足不同人群需求；采用明厨、明厅、明卫设计，功能房间均有直接采光，自然通风，并结合小区景观设计了凸窗、观景阳台，户户具有良好视野；电梯位置远离住户功能房间布置，避免噪声干扰，使住户拥有一个安静、舒适的居住环境。单元入户大堂设计气派大方，入户门厅设置信报箱，满足居民日常生活需求；自行车停放位置合理，方便用户出入，高层住宅地下层均设自行车车库；每栋住宅每个单元均设两部电梯，担架电梯兼消防电梯。每户卧室、客厅等房间均结合立面设置空调户外机搁板，既方便用户安装，又不影响立面效果。

立面造型力求简洁、端正典雅，住宅立面色彩以淡雅为主，采用米色真石漆，立面穿插深褐色涂料，使得建筑挺拔，整个小区充满生机。

经济技术指标：

A 地块总建筑面积 126512.02m^2，商业中心共 4 层，酒店办公与商业综合楼为 20 层，商铺为 2 层，地下 1 层。

B 地块总建筑面积 199063.09m^2，建筑密度 26%，容积率 2.293。总机动车停车位 1245 个，非机动车停车位 3078 个。

C 地块总建筑面积 206065.91m^2，建筑密度 24%，容积率 2.189。总机动车停车位 1248 个，非机动车停车位 3978 个。

D 地块总建筑面积 111731.88m^2，建筑密度 24%，容积率 2.29。总机动车停车位 665 个，非机动车停车位 1796 个。

主要技术创新点：

1. 酒店采用屋顶储热水箱的热水供水方式，供应热水制取采用苏龙热电厂蒸汽余热加热的方式提供生活热水。
2. 收集不少于项目规划用地面积的三分之一的屋面及场地雨水，收集的雨水经处理后用于绿化浇灌和道路浇洒用水。
3. 项目场地雨水实行径流总量控制，年径流总量控制率按 70% 设计。雨水收集池容积 350t，设置于地块东南角绿化带内。
4. 景观庭院、广场、人行道、室外机动车停车位、人行园路采用植草砖、透水砖等透水铺装，增加雨水入渗，室外硬质铺装地面中透水铺装不小于 50%，自然消减场地内雨水，减少径流外排。
5. 室外景观设计下凹式绿地，下凹式绿地深度 150mm。场地年径流总量控制率达 55%。
6. 室外绿化灌溉、道路浇洒等采用回用雨水，并分别设置水表计量。
7. 室外夜景照明采取措施控制光污染：合理选择照明灯具，设置夜景照明时段，并避免景观照明直接朝向天空照射。
8. 本工程采用城市热力管网蒸汽作冬季供热热源，蒸汽冷凝水回收利用。
9. 制冷机、循环水泵、柜式及吊挂式空调机组采用隔震垫或减震吊架。地下一层主机房、净化机房考虑消声措施。
10. 室外冷却塔采用超低噪声冷却塔，噪声不大于 63dB（A）。
11. 选用绿色节能灯具，灯具有高效、长寿、美观和具有防眩光功能，光源采用节能高效的光源，应具有良好的显色性和适宜的色温。一般场所选用节能荧光灯、LED（发光二极管）灯。荧光灯采用电子镇流器，要求自带补偿装置，补偿后的功率因数大于 0.90。
12. 本项目生活给水供水方式：1~2 层市政直供，2 层以上采用变频泵供水。给水采用减压限流措施，用水点给水压力不大于 0.20MPa。
13. 卫生器具用水效率等级为 1 级：坐便器均采用（4L/ 次）坐便器；公共卫生间采用感应式水嘴和感应式小便器冲洗阀；所有水嘴均采用出水量 0.10L/s 水嘴。
14. 按使用用途，对卫生间、绿化等用水分别设置水表计量。各建筑独立计量，冷热水独立计量。
15. 所有用水支路都安装计量水表，不出现无计量支路，分级计量水表安装率达 100%。
16. 室内生活冷、热水给水管采用薄壁不锈钢管，卡压连接。室外埋地的给水管均采用钢丝网骨架聚乙烯管，电熔连接。室外排水均采用塑料检查井。采用密闭性能好的阀门、设备，使用耐腐蚀、耐久性能好的管材、管件避免管网漏损。

[4]

孙家滩村庄改造工程景观设计

开发单位：青岛亿联置业有限公司
设计单位：上海联创域韬景观设计
主创人员：丁炜、厉杰、李凯、何英杰、崔丽静、符乙婷、王丽、宋漾、黎箐、陈永团、牟乃彪、崔兆开、刘许辉、闫建舜
设计时间：2020 年
项目地点：青岛市西海岸新区
项目阶段：在建项目
项目规模：景观面积 34000m^2
项目类别：住宅

项目简介：

孙家滩村庄改造工程项目，地处山东省青岛市胶南东部新城区，东临易通路，西依凰蹲山路，南靠双珠路，北至向阳岭路，地理位置优越，交通十分便利。全村面积 0.5km^2。孙家滩地势较低，长年受水涝，而今文化村三台高筑。

基地北侧书香曼庭及康桥首府为已建小区，且较新；东侧圣龙小区完成时间略长。凰墩山路以西为开发地块，紧邻黄岛第二实验小学。建筑采用 Art Deco 风格，直线型体块，与相邻色结合，线性感强烈，具有理性主义色彩。

孙家滩有着 300 年的建村史，农耕与渔业支撑着村民的生计。因地处盐碱荒滩，故名孙家滩。“盐碱滩、破黄皮，十年九旱不打粮；荒漠树孤无屏障，沙尘蔽日随风扬。”靠着农耕和渔业生存的村民生活十分艰苦。孙家滩村的人们几经迁徙，以苍天厚土的华夏文化根基扎根。村落里现存的夯土墙里闪闪发光的贝壳，正是孙家滩村深厚的渔村文化和农耕文化的见证。而后工业与商业使一部分人先富起来。众多的大学生，从这里走向了世界。

[1]

[1] 规划总平面图
[2] 总鸟瞰图
[3] 主入口效果图
[4] 谦门效果图
[5] 社区中心效果图
[6] 入口水景效果图
[7] 厚门效果图

设计说明：

根植民生，安居乐业，成就美好人生。园区景观以一心・两轴・三园・多景为组织结构，打造人性化、多功能、历史记忆的和谐家园。“和生园”“立业园”“乐活园”建立人文与人性化的舒适尊贵环境。一心：通过入口对景，进入到小区核心场地，步移景异，处处皆景。通过景观节点串联到整个小区的核心点——打造高品质的全龄活动区域。两轴：形象展示轴、生活功能轴，共同演绎乡村安置新图景。

园区将展现孙家滩的传统文化的景点、景观串联：崇文角、

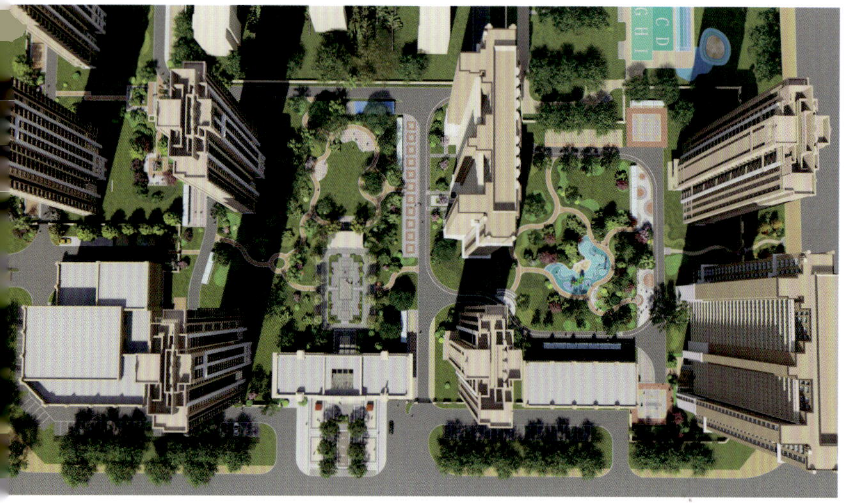

[2]

[3]

槐树情、顾瞻石、健身路、盐碱滩，形成具有当地地域特色的文化住区。

经济技术指标：

总用地面积：44004m^2
总建筑面积：170823m^2
地上建筑面积：122284m^2
景观面积：34000m^2
容积率：2.78
建筑密度：22.5%
绿地率：30.5%
规划停车位：1248 个

主要技术创新点：

运用海绵城市技术

出于对建设环境生态效益及微环境雨洪管理的考虑，在景观设计和施工过程中，充分利用可渗透的路面、沉降的绿色、生物滞留设施，有效地降低渗透系数，提高对雨水的利用率，局部增加微地形，结合三层绿化，营造宜人小气候。

入口水景：镜面水景地面铺装模拟滩涂纹理

在喷泉未打开时，蜿蜒的滩涂纹理清晰可见，人们可以在其上漫步，感受孙家滩人们一路奋斗的历程，体会渔耕文化的传承与坚持不懈，一路拼搏的精神的传递。
喷泉涌出时沿着优美的曲线，似鱼儿跃出水面的形状。水慢慢没过滩涂纹理，展现荒凉的滩涂到富饶的可居环境的演变过程，凝练着孙家滩传承的渔耕文化。

保留古槐树

传清嘉庆年间，孙姓从胶州里岔迁此立村，村民为纪念家乡，在村内种植国槐一棵，为国家三级古树，树龄 263 年。项目保留古槐树并打造“槐树情”景观节点，体现历史记忆与文脉传承。

[4]

[6]

[5]

[7]

保利美的·云筑

开发单位：美的置业

设计单位：阿特贝尔 ARTBELL

主创人员：郭婵、何高峰、柳美霞、林智伟、林幼月、李志强

设计时间：2019 年 11 月

建成时间：2020 年 6 月

项目地点：江西南昌

项目阶段：建成项目

项目规模：4052m^2

项目类别：住宅

[1] 实景鸟瞰图 1
[2] 实景图 1
[3] 实景鸟瞰图 2
[4] 实景图 2
[5] 实景图 3
[6] 实景图 4

[1]

[2]

[3]

[5]

[4]

[6]

项目简介：

项目位于历史文化名城——南昌，创新城市、花园城市、卫生城市等殊荣不胜枚举。临近八大山人梅景区，美的置业集团将“科技尽善，生活尽美”这一企业 DNA 植入其中，打造一座美的未来生活馆，使得“科技、生活、未来”这一主题从始至终贯穿其中，实现建筑景观一体化，室内、灯光设计联动，VI 视觉设计同步，协作共生，打造极致云端生活 2.0。

设计说明：

我们认为住宅不纯粹是文化和精神的载体，更应该关注这些实际使用问题：什么样的场所？会吸引什么样的人？会产生什么样的互动？会营建怎样的生活氛围？会发生怎样的生活趣事？

因此，带着这些思考，在云筑项目的设计过程中，我们通过现代感的硬景、金属材质的运用、灯光互动、智能感应及声控系统的运用，去打造充满现代感、科技感、互动性、智能化的未来云端生活。

我们尊重场地自身条件，在整体现代的调性中，以几何立面切割结合灯光互动的方式去创造丰富的感官体验。为建造一座未来生活空间，我们将未来科技和传统造园之思融入设计中，空间的转变、植物的层次、氛围的营造，都在诠释强调这空间的自然、意境之美。我希望美的云筑不仅能展现未来科技感，也能不着痕迹地带出地域韵味，营造一种充满想象又似曾相识的未来云端生活空间。

云筑不仅是未来科技生活体验馆，也是一座光影迷宫，它在色调上是纯净的，在体验上是舒适的。我们希望通过智能云端科技展示未来智慧生活，互动景观设计，让人、自然、景观和科技融为一体，实现虚拟与现实的无缝连接，成为“科技诗意化”景观。

经济技术指标：

总体面积：4052m^2

景观设计面积：3436m^2

单方造价：811 元 /m^2

建筑占地面积：616m^2

祥生光明 · 金麟府

开发单位：祥生地产

设计单位：阿特贝尔 ARTBELL

主创人员：吴国伟、朱峥嵘、杨凌云、李华、周新平、李庆会

建成时间：2019 年 10 月

项目地点：浙江宁波

项目阶段：建成项目

项目规模：3197m^2

项目类别：住宅

[1] 实景图 1
[2] 实景图 2
[3] 实景图 3
[4] 实景图 4
[5] 实景图 5

[1]

[2]

[3]

[4]

[5]

项目简介：

宁波，明洪武十四年，取“海定则波宁”之义，取名宁波。作为历史文化名城，是一座被时光偏爱的城市，一座集内河港、河口港和海港于一体的多功能、综合性的现代化深水大港。山水城市，是它的标签；人文城市，是它的属性；未来城市，是它的方向。

怎样利用空间特性，让自然与景观共生，让艺术融入生活。我们融合内敛精致与现代的生活方式，设计师意在完善一个交融多元的社交体验，建立多维活动的居住空间，打造生态、自然文化的居住环境，提升产品价值。

设计说明：

景观设计从功能出发，结合场地的区位优势，通过景观作为媒介，设计完善一个交融多元社交体验、多维活动的居住空间，沉浸于所营造出的气氛，达到情感上的共鸣。

金麟府着力于阐释“人与自然”“人与自己”之间的联系，以“林江都市”立意，在车水马龙的城市中创造一个可以徜徉山林水涧的场所，这是景观能赋予场地有别于其他地方的独特气质，是一种心灵的状态，一种空间的无限包容。

为满足不同的需求，金麟府实现人车分流，设计有多个半私密围合式廊亭，特色的休闲活动区域，在各个宅间景观组团内设计不同的邻里交流空间，提供不同的形式，不同对象的休闲交流需求。不论住户是要交流互动、休闲放空，还是要独处赏景，都能够找到自己的都市之乐。

经济技术指标：

总建筑面积：135754m^2

绿化率：30%

景观设计面积：3197m^2

郑州海汇中心

开发单位：郑州海马集团
设计单位：上海艾斯贝斯建筑规划设计有限公司
主创人员：艾轶锋、王文亭、詹晨、罗继伟、鲁燕青
建成时间：2014 年 12 月
项目地点：河南省郑州市郑州新站
项目阶段：建成项目
项目规模：142500m^2
项目类别：公建

[1] 实景图 1
[2] 实景图 2
[3] 实景图 3
[4] 实景图 4
[5] 实景图 5
[6] 实景图 6
[7] 室内效果图

项目简介：

海马海汇中心项目位于河南省郑州市郑州新站站前商务区附近，项目占地 43755m^2，总建筑面积约 26.1 万 m^2（含地下），结合项目南侧占地 239700m^2 的大型居住社区——海马公园社区，形成了一个涵盖居住、居住服务、教育培训、商务办公、休闲购物等功能于一体的大型综合性社区。在规划设计中，我们更多的考虑是都市中的休闲生活方式，引入复合功能的概念，实现开放功能的城市社区，进而融入城市这一大环境。

项目旨在服务于周边的居住功能，打造能够集和谐的工作、娱乐、教育、休闲消费、邻里交往为一体的、汇集精品商业与都市文化的开放空间，我们要创造充满生气与活力的、更和谐的都市生活氛围，不仅为社区创造更舒适的环境、更多的交往机会，而且完善城市区域功能，塑造城市形象。

项目的建筑设计风格是在延续海马公园 Art Deco 装饰艺术风格之上，融合了现代艺术和古典主义风格。特别是康宁街

[1]

[2]

[3]

与东风东路街角的 12 层高的玻璃塔楼，选用玻璃材料和金属构架，造型轻盈、简洁，与海马大厦办公塔楼沉稳、典雅的风格形成虚实关系，相得益彰。普惠路两侧低层住宅建筑则吸取了类似“欧陆风格”的一些元素，体现出一定的文化含义。

设计说明：

以生活主义设计为核心，三重空间融合，共同塑造品质街区三重空间，提升整个项目价值。打造属于“海马公园”的空间概念。融入城市空间的流动性整体空间将成为“海马公园”最大的空间特色。

1. 外部空间塑造价值

城市外部空间价值决定项目价值，规划设计立足于从郑州市区、郑东新区各功能组团腹地，从社会、经济、人文及自然环境特点出发，遵循以人为本及可持续发展的原则，强调与周边的建筑功能融合发展。

2. 产品设计塑造价值

通过以人为本的建筑设计理念，强调设计服务生活的理念，塑造具备文化特色的舒适产品。

经济技术指标：

建设用地面积：43755m^2

总建筑面积：261158m^2

地上总建筑面积：177581m^2

地下车库建筑面积：83577m^2

建筑基底面积：14285m^2

绿地面积：15241m^2

停车位：1561 个

主要技术创新点：

海汇中心街区式商业

海马公园街区式商业位于郑州高铁商务核心圈范围内，属社区级的商业中心。项目遵循“室内室外互为空间、购物休闲一体设计”的理念，将海马公园街区式商业打造成富有特色的一站式体验购物中心。

海汇中心国际商务中心

该项目属于“海马公园”大型项目的商业办公部分，功能包括商务办公、休闲购物、教育培训等，建筑风格沿用沉稳内敛的 Art Deco 装饰艺术风格，外立面采用硬朗的竖向线条设计，材料运用天然石材、钢结构与玻璃幕墙等。

[4]

[5]

[6]

[7]

富力首府

开发单位：富力集团
设计单位：上海波城建筑设计事务所有限公司
主创人员：朱儁夫、谈松
设计时间：2015 年
项目地点：海口市美兰区大英山 CBD 东部
项目阶段：在建项目
项目规模：规划面积：94000m^2
建筑面积：667000m^2
项目类别：住宅、公建、商业

[1] 规划总平面图
[2] 效果图 1
[3] 效果图 2
[4] 鸟瞰图 1
[5] 鸟瞰图 2

项目简介：

海口富力首府位于海口市美兰区大英山 CBD 东部，分南北两个地块，西侧分别临近海南省最高楼海口塔的南塔和北塔。项目总用地 94000m^2，总建筑面积 667000m^2。

富力首府是一个包含办公、酒店、公寓、商业的高端综合体。设计以建筑簇群的理念形成风格统一、各具特色的群体，为不同的物业类型提供最佳视野、最大园林和最大价值，同时以经典隽永、细节丰富的 Art Deco 风格打造海口市的高端时尚社区。其中南北两座主塔更是以 230m 的高度形成海南省的地标性建筑。沿国兴大道商业建筑采用分段式设计，立面形式丰富、时尚经典、工艺考究，必将助力国兴大道成为“海南第一街”。

[1]

[2]

[3]

设计说明：

以大英山 CBD、国兴大道和海口塔为依托，打造海口市最具地标性的 CBD 豪宅典范，成为南中国有话题效应的标杆豪宅。

用大气的规划勾勒 CBD 门户大宅城市形态、以细腻的设计再塑城市精品。

南北两区每一栋建筑视线无死角，为每一个房间提供完美视觉景观。

精心勾画螺旋上升的城市天际线，主体建筑同样以节节升高的外轮廓，寓意大英山 CBD 和建设企业“节节高”的美好未来。

着重突出对建筑顶部的细节处理，成为海口具有特色的建筑群落。

主体建筑顶部取意“水镜莲花”，萃取天地精华、悄然绽放于云端。

强化到达感的细致分析，以不同层级的入口空间层层递进。

为住户提供一个超大规模、精彩的中心大花园，满足每一个业主多种多样的使用需求。

从整个大英山片区通盘考虑户型规划，精致入微地设计每一套户型。

严谨科学地论证建筑高度与结构选型，在前期阶段充分做好成本预算分析。

巧妙设计主体建筑的核心筒与结构平面布局，满足从 100m^2 到 1000m^2 大跨度、多种户型面积区段的设计要求，充分体现平面体系的灵活性与兼容性。

细致区分不同面积区段的户型设计策略，为每一种户型量身定做独特的营销亮点。

[4]

[5]

经济技术指标：

B18 地块经济技术指标

总用地面积：64369.54m^2

总建筑面积：431888.9m^2

容积率：4.56

建筑密度：25.13%

绿地面积：19322.86m^2

绿化率：30.02%

机动车停车位：2844 个（含新能源车位 20 个，占比 0.70%）

D16 地块经济技术指标

总用地面积：29023m^2

总建筑面积：235043.52m^2

容积率：5.40

建筑密度：32.29%

绿地面积：8846.15m^2

绿化率：30.48%

机动车停车位：1346 个（含新能源车位 20 个，占比 1.29%）

湖滨步行街区提升改造

开发单位：杭州市湖滨地区商贸旅游特色街居建设整治指挥部、杭州湖滨步行街商业发展有限公司

设计单位：上海波城建筑设计事务所有限公司

主创人员：朱儁夫、钟声、徐飞、刘运宝、张而立、陈玄保、宣正伟、周毅、刘杰、王洋、朱正茂、金德海、丁红梅

设计时间：2018 年

建成时间：2019 年 9 月

项目地点：杭州东坡路、平海路、湖滨路

项目阶段：建成项目

项目规模：用地面积：410000m^2

项目类别：公建、商业、文旅

[1] 鸟瞰图
[2] 实景图 1
[3] 效果图
[4] 实景图 2
[5] 实景图 3

[1]

[2]

[3]

[4]

[5]

项目简介：

项目位于西湖风景名胜区，北至庆春路，南至解百新元华，东至延安路，西至湖滨路，包括长生路、学士路、平海路、邮电路等部分路段，占地面积 410000m^2。

街区紧邻城市干道延安路，现状步行街全长 650m（含湖滨路步行街 500m+ 平海路西段步行街 150m），规划拓展东坡路全线和平海路东段（东坡路至延安路），规划后步行街总长 1620m。

设计说明：

整体设计分为南北向和东西向两个轴线。南北向以东坡路为轴，体现杭州的千年故事。东西向的横轴与西湖相连，表现西湖元素。

以延续杭州历史，彰显西湖文化，突出江南魅力，创新商业体验，营造城市客厅，引领未来发展为设计愿景。以时尚、智慧、人文、“醉杭州”为设计核心理念。通过建筑立面美化改造、景观优化提升、业态提升和数字化街区建设等方法，着力将湖滨路、东坡路、平海路打造成融合杭州历史人文艺术、世界自然遗产风光、休闲、商业为一体的，具有国际一流水准的特色步行街区。成为杭州风韵的、迎接杭州西湖游客的“城市客厅”。

经济技术指标：

改造升级的范围北至庆春路，南至解百新元华，东至延安路，西至湖滨路，占地面积 410000m^2。

主要技术创新点：

1. 作为景区的配套设施环境，街巷改造不“喧宾夺主”，突出西湖景区文化价值。
2. 抽象提炼杭州文化元素和色彩色调，以灰色调和抽象水波纹构建步行街巷地面铺装纹理。
3. 延续与活化原有骑楼公共空间。
4. 保护重塑街巷林荫公共空间。
5. 与樱花相结合的休息座椅微空间改造。
6. 街区全龄友好功能提升。

郑州绿地新都汇

开发单位：绿地集团中原房地产事业部
设计单位：上海大境建筑规划设计有限公司
主创人员：陈向东、周俊、张宇峰
设计时间：2012—2014 年
建成时间：2019 年
项目地点：郑州市郑东新区金水东路、东风南路
项目阶段：建成项目
项目规模：650000m^2
项目类别：公建、商业

[1] 办公入口实景图
[2] 整体鸟瞰效果图
[3] 实景图
[4] 内街实景图

项目简介：

项目位于河南郑州市中心，金水东路与东风南路两条主干道处，距河南省政府 500m、距高铁站 500m、距金水东路地铁口 50m。坐拥郑东高铁商圈，毗邻著名的郑州国际会展中心 CBD 商圈，地理位置优越。

新都会项目建筑体量约 650000m^2，是涵盖写字楼、企业独栋定制办公、超高层物业、大型购物商场、大型商业综合体等物业类型的纯商业综合体。

新都会项目导入国际化商业街区规划理念，融入自然元素，立足郑东，辐射中原，依托潮流时尚的品牌，完善的业态构成，合理的动线布局，全力打造中原“时尚生活中心”，让时尚成为每一位顾客的日常生活方式。主打“时尚生活、商务社交、亲子娱乐”，倡导“购物 + 场景 + 社交”的消费理念，为消费者带来全新高品质的感官体验。

[1]

[2]

[3]

[4]

设计说明：

绿地新都会项目的主要目标之一是建立各功能要素的统一感，并同时创造其独特的个性。该项目的概念基于使用建筑形象表达了中国传统象征文化——龙，龙文化是中国社会各方面和人们思想中的象征根基；龙的尊严与财富有益于整个世界。

龙的概念体现在商业购物中心的中轴线布局和其他功能元素的关系上。龙形的链接将购物商场（头）的北端，与甲级塔楼和主要商业入口（身）以及准甲级写字楼，南商业入口，和销售中心（尾）相连。这种形式的布局定义了主要内部街道的发展位置，车辆和行人交通需求的内部林荫道铺面设计与尺度。

在场地的西端，耸立着两栋甲级写字楼，它们代表着觉醒的巨龙，给使用者带来财富和时运。这两个极具标志性的塔楼在繁忙的城市街道交叉路口处有着极高的可见性，并且它们在高度上的差异使得它们在南、西和北侧都有着动态视野。两个塔楼以一个开放的姿态相互呼应来优化视野以及产生视觉冲击力，并同时在街道层面向人们展现天际线轮廓。

觉醒的巨龙拥有极具质感的外墙，闪烁在朝阳和夕阳中。外墙由交错锯齿形的窗墙组成，最大限度地增加并超越相邻塔楼之间的视野。建筑外墙的质感进一步通过位于每一个交错部位的起伏玻璃翼来加强。垂直的外墙处理使塔楼看起来更有腾飞感，如觉醒的巨龙。

经济技术指标：

总用地面积：93000m^2

总建筑面积：650000m^2

建筑高度：180m

项目类型：商业综合体、超高层建筑、办公、商业

主要技术创新点：

1. 区域规划引入交通性内部道路，提升周边小尺度交通效能。
2. 一期至三期建筑立面采用统一构图原则，第三期塔楼创造性提出龙鳞型单元式幕墙，造型独特。

绿地西安沣独角兽公园项目

开发单位：绿地集团西安浩坤置业有限公司
设计单位：上海都市建筑设计有限公司
主创人员：向高、韩瑞博、李尚民、魏望、张伟伟
设计时间：2018 年 3 月
项目地点：西安市沣东新城
项目阶段：建成项目
项目规模：313863.37m^2
项目类别：住宅、公建、商业

项目简介：

项目位于西安市沣东新城，彩虹路以北，经二十九路以西，经三十一路以东，鱼斗路以南。规划用地面积 91989.4m^2，总建筑面积 313863.37m^2，地上计算容积率建筑面积 229973.10m^2，地下建筑面积 85340.81m^2。建筑功能为办公、商业、酒店。办公部分为百米内的高层，结合园区天际线错落排布，立面采用现代简洁的手法，打造现代明快的办公氛围。商业部分高十余米，外立面参考老上海风格设计，古朴、亲和，给古城西安带来海派生活气息。整个园区古今相得益彰，既有办公的简洁明快，又有海派的商业风情，统筹布局，打造西安独特的创业、办公兼生活的新 IP，培养西安新的打卡地，为经济腾飞注入新的活力。

[1] 总鸟瞰日景图
[2] 商业街区西侧入口效果图
[3] 商业沿街夜景效果图
[4] 公寓南立面图
[5] 日景售楼处
[6] 商业街区内街
[7] 商业街中心入口效果图
[8] 夜景透视图

[1]

[2]

[3]

[4]

[5]

设计说明：

独角兽公园项目依据功能可分为海派风情商业街、高端定制商业（商墅）以及创客公寓三大片区，根据业态的特性做到三个片区相对独立，但又功能互补，从而形成相互协作的有机体。海派风情商业街在设计上借鉴老上海建筑，原汁原味呈现浓情夜上海的风情，商墅以及公寓产品在满足使用功能的前提下，打造多变空间以适应市场需求，同时外立面采用简单大气的公建化设计，阳光大气。在海派与现代之间碰撞出火花，加之周秦汉唐味道浓郁的西安本土文化，定能呈现出独角兽公园特有的风采。

经济技术指标：

规划总用地面积：91989.4m^2

用地性质：商业服务业设施用地

总建筑面积：313863.37m^2

容积率：2.5（规划要求 2.0~2.5）

建筑密度：27%

绿地率：25%（绿地率≥ 25%）

机动车停车位：2826 辆

非机动车停车位：3707 辆

主要技术创新点：

可商可住的商业别墅产品。

浓浓上海味道的海派风情街区。

居住办公两不误的 loft 公寓。

[6]

[7]

[8]

半山半岛旅游建设项目

开发单位：温州和晟文旅投资有限公司
设计单位：上海陆誉工程设计管理有限公司
主创人员：殷明、洪东礼、王良
设计时间：2019 年
建成时间：在建
项目地点：温州市苍南县渔寮乡
项目阶段：在建项目
项目规模：130000m^2
项目类别：文旅

[1] 天桥效果图
[2] 鸟瞰图 1
[3] 效果图 1
[4] 鸟瞰图 2
[5] 效果图 2

项目简介：

半山半岛旅游建设项目占地 180000m^2，总建筑面积 130000m^2，容积率 0.6，是一处依山傍海，得天独厚的滨海旅游黄金地段。项目位于温州市南面的苍南渔寮旅游片区，距离温州市区 85km，项目北面是月亮湾大沙滩，东面是龙头山悬崖海滨景区，南侧靠近渔寮大沙滩，是国内罕见的亚热带双沙滩景区，也是浙南规划中的 168km 黄金海岸线上的一颗璀璨的明珠。设计和策划充分依托山海壮丽的景观，以浙南的“风”为主题，打造出国内独树一帜的“风主题”旅游小镇，结合由东向西逐渐升高的地形规划设计了国际五星级温德姆大酒店、悦澜酒店、观澜客栈、山海别院等各类旅游业态，项目投资单位温州和晟文旅投资有限公司顺应国家青山绿水旅游发展战略，以半山半岛旅游建设项目为龙头和核心旅游地标，着力打造一条滨海运动活力带，串联苍南沿海众多“主题小镇”，延续总体“一带、一线、八区”的空间，构筑“一体两翼”的山海旅游新格局，形成山海旅游两大 IP。半山半岛旅游

[1]

[2]

[4]

[3]

[5]

建设项目将为浙南山海旅游建设起到高标杆的引领作用。

设计理念说明：

苍南地处北纬 27 度的亚热带海滨，又因部分地区为陆地向海外凸出之地，故是气象意义上台风活动较频繁之地，这里被称为中国台风之乡，也是台风体验极佳的去处。
本案致力于打造中国首个风主题生活美学小镇，将项目整体作为风主题的“博览中心”打造。让人们在其中体验风的自然形态、文化形态及艺术形态。设计目标是希望借助风的力量，去触发人们对于自然的直觉，去思考与自然的关系，展现出意识与形式的流动。同时，自由的道路线形和散沙般布局的建筑也唤醒了人们自身对于自然的感知与经验，也见证了景观持久无限的变幻，设计将“山”“海”“筑”三位一体融合在出色的感官体验之中。
山体自东面的滨海悬崖缓缓上升，总高差约一百多米，设计充分利用山势，结合多轮的现场踏勘，形成了依山傍海，海景最大化的设计构思，数百栋建筑依地势逐级升高形成蜿蜒曲回的剧院般的布局，每栋建筑都有其壮观的山海场景，也能感受海风带来的独特感受。建筑群在南侧 20000m^2 的国际五星级大酒店引领下，形成“风过砂”的散落格局的总体布局，结合地形精心打造的盘山道路，呈现出步移景异的丰富而壮观的景色。

半山半岛旅游建设项目以其独特的设计理念为浙南海滨 168km 黄金海岸线打造出“风主题生活美学小镇”的中国案例。

经济技术指标：

总用地面积：181896m^2
总建筑面积：130387m^2
容积率：0.6
建筑密度：35%
绿地率：25%
客房数：1249 间
机动车位：502 个

主要技术创新点：

1. 风主题美学山海旅游小镇，独特而壮观的山海奇景。
2. 利用地形测绘成果形成经济的土方平衡，并达到极佳景观观海视线。
3. 利用道路、台地和吊脚楼等设计就近停车位。
4. 充分研究地形和针对当地居民的抗台风成熟经验，形成建筑设计的防洪、排涝、防风、抗灾等进行深化应用设计，观光电梯直达月亮湾沙滩，打通了两大旅游景点的竖向交通。

兰州万达茂

开发单位：兰州万达茂投资有限公司
设计单位：上海帕莱登建筑景观咨询有限公司
主创人员：牟晓榆、陈思、王朕、杨颖、吴迪
设计时间：2020 年 6 月
建成时间：2022 年
项目地点：甘肃兰州
项目阶段：在建项目
项目规模：313100m^2
项目类别：商业

[1] 冰原观景区效果图
[2] 雨林观景区效果图
[3] 圆中庭效果图
[4] 绿谷观察区效果图
[5] 冰雪观景区效果图

项目简介：

兰州万达茂位于兰州七里河区深安大道与南滨河西路交口。由万达集团联袂帕莱登设计强强打造。是兰州万达城下极为重要的业态，同时也是当前国内最大的一座万达茂。

2017 年 8 月 18 日，万达集团董事长王健林带队到甘肃考察，并表示将在兰州市投资建设一个大型文化旅游项目。2018 年 11 月 8 日，兰州市与万达集团在北京签订协议，兰州万达城将落户兰州，双方共同打造“一带一路”文化旅游新品牌；2019 年 6 月 12 日，万达地产集团有限公司以 71.924 亿元成功摘牌位于兰州七里河区崔家大滩 28 宗共计 904600m^2 土地，用来开发建设兰州万达城项目。

万达茂全部为室内项目，除却室内商业街外，还包括海洋乐园、娱雪乐园、体育乐园、水乐园以及商业中心等设施。开业后年游客将超过 1000 万人次，可为兰州创造可观的直接就业岗位和大额税收。

[1]

[2]

[3]

[4]

[5]

设计说明：

随着社会的发展，人民生活水平逐步提高，兰州人民亟需一座更为高端的商业中心用以支撑日渐提升的消费需求。兰州万达城即是在这样的大环境下应运而生。

作为万达城的重要组成业态，兰州万达茂利用建筑本身的特殊性定位、体量、空间以及组织功能，做出艺术化的处理，令室内空间与乐园关系更为模糊。通过商业空间与乐园空间无缝衔接，利用乐园的娱乐性创造性地提升商业本身的价值。项目天花地面大面积采用岗石、地砖、石膏板，形成偏暖色调干净整洁的现代设计风格。围绕“两庭”“四面”“多点”重点区域做特殊化重点处理。

“两庭”指两个主要大中庭处的重点设计。取兰州当地“黄河之水”“丝绸之路”为主要设计元素，并取所处位置乐园元素做元素结合。整体凸显大空间的整洁以及乐园入口处的特殊。

“四区”指本案最大特点四个主题乐园与大商业交接处的交互面重点设计。将乐园的主要元素做艺术提取与大商业结合。此处的设计重点更为注重交互区域的休闲性，让客人可以在舒适的环境下观赏乐园内的欢乐氛围，进一步提升商业价值。

“多点”指在商业内各个近人空间以及不时穿插的特殊区域的重点设计。此处的设计或为交互区设计元素的提取变化，或为完全脱离主题又自成体系的特殊设计，使整个项目呈现出百花齐放的视觉观感。

经济技术指标：

规划用地面积：227000m^2

万达茂总建筑面积：313100m^2

容积率：0.97

绿化率：15%

建筑密度：59.97%

建筑高度：24m

机动车停车位：2500 个

商业综合使用率：≥ 60.80%

主题娱乐业态占比：39.22%

主要技术创新点：

购物中心自 20 世纪 90 年代引进国内以来，就彰显了巨大的发展潜力，并逐步发展为现代商业主流趋势。但随着购物中心的快速发展，激烈的市场竞争环境下却造成了行业的内卷，一时造成购物中心出现千篇一律，缺少差异化的现象。

本案最大的特点就是，它是一座商业购物与主题乐园并存的极具个性的综合商业体。而我们所要思考的就是如何最大限度地利用乐园属性吸引人流提升商业价值。于是我们创新性地提出了商业乐园交互区的概念。即在本案四大主题乐园与商业交接处重点设计，营造出一个介于商业空间与乐园空间之间的休闲空间。游客可以在这里点上一杯咖啡，坐下来休息一下，静静地欣赏乐园内的欢乐场景。

弘阳常州锦凤合鸣

开发单位：弘阳集团、宝龙集团
设计单位：上海拓维建筑设计有限公司
主创人员：李勇、李文嘉、莫陈颖、王源源、罗雁月
设计时间：2019 年
建成时间：2020 年
项目地点：常州
项目阶段：建成项目
项目规模：170823.4m^2
项目类别：其他

项目简介：

项目位于常州市天宁区雕庄街道，隶属凤凰新城板块，靠近规划中的地铁 4 号线雕庄地铁站。基地北依清溪河，西邻百亩城市绿肺“凤凰公园”，周边交通路网畅捷，区位优势明显，资源优势丰富。

建筑设计以建筑与环境的自然融合为切入点，通过大面积玻璃与石材、金属等现代材料的运用，去繁从简、虚实结合，消解建筑对环境的影响，让建筑真正隐匿于自然中。

立面使用大面积超透白玻璃幕墙，局部使用金属杆件装饰，视觉冲击力十足；结合园景和镜池，营造多层次游憩休闲空间。

[1]

[1] 鸟瞰图
[2] 示范区实景图
[3] 商业效果图 1
[4] 商业效果图 2
[5] 洋房效果图
[6] 高层效果图

[2]

经济技术指标：

凤凰公园东侧（DN050908）地块主要经济技术指标

规划用地面积：77647m^2

总建筑面积：226376.22m^2

容积率：2.20

建筑密度：18%

绿地率：35%

总户数：1420 户

居住人数：4544 人（按 3.2 人 / 户计算）

机动车停车位：1709 辆

非机动车停车位：2575 辆（按 1.5m^2/ 辆计算）

凤凰公园东侧（DN050909）地块主要经济技术指标

规划用地面积：37969m^2

总建筑面积：107282.49m^2

容积率：2.0

建筑密度：45%

绿地率：15%

机动车停车位：720 辆

非机动车停车位：2954 辆（按 1.5m^2/ 辆计算）

[5]

[3]

[4]

[6]

金茂·智慧国际城·城市展厅

开发单位：中国金茂
设计单位：上海拓维建筑设计有限公司
主创人员：郑重、朱旭冉、胡颖雪、孙伟健、皮坤
设计时间：2019 年
建成时间：2020 年
项目地点：青岛即墨
项目阶段：建成项目
项目规模：1341474m^2
项目类别：住宅

项目简介：

金茂·智慧国际城·城市展厅地理位置位于青岛市即墨区。作为“活力北都心、即墨南大门”，我们希望它是一栋集合了未来、艺术、空间三大要素的城市展厅。

项目地块地处即墨区最南端与城阳区交界处，是连接即墨与青岛市区的门户区域。基地西侧紧邻省道烟青公路，周边有青新高速和青龙高速，市域轨道 7 号线正在建设中，北侧紧靠珠江二路，交通便捷，是进出即墨中心城区的南大门。

[1] 鸟瞰图
[2] 实景图 1
[3] 城市展厅效果图
[4] 实景图 2
[5] 实景图 3

[1]

[3]

[2]

[4]

经济技术指标：

地块编号	用地性质代码	用地面积（$\times 10^4 m^2$）	容积率	绿地率	建筑密度	建筑限高（m）	住宅户数	设计人口
HX040605	B2B1	5.10	3.90	20%	45%	150		
HX040606	B1R2	7.85	2.25	20%	55%	100	604	1933
HX040607	R22	1.05	0.60	35%	40%	12		
HX040608	A	0.55	1.11	25%	35%	24		
HX040609	R2B1	5.16	3.10	30%	30%	100	1248	3994
HX040610	R22	0.68	0.60	35%	40%	12		
HX040613	R2B1	5.88	3.10	30%	30%	100	1376	4404
HX040614	R21	3.68	2.20	30%	35%	38~80	614	1965
HX040615	A	0.51	0.43	25%	35%	24		
HX040616	A41	0.86	0.55	30%	30%	15		
HX040619	R2B1	4.32	3.10	30%	30%	100	1040	3328
HX040620	A33	3.09	0.40	35%	30%	24		
HX040623	R21	6.53	2.50	30%	35%	60~80	1272	4071
HX040702	R21	4.41	2.50	30%	30%	60~80	900	2880
HX040703	R21	3.72	2.00	30%	35%	60~80	616	1972
HX040705	A33	3.86	0.80	30%	35%	24.00		
合计		56.98					7670	24547

[5]

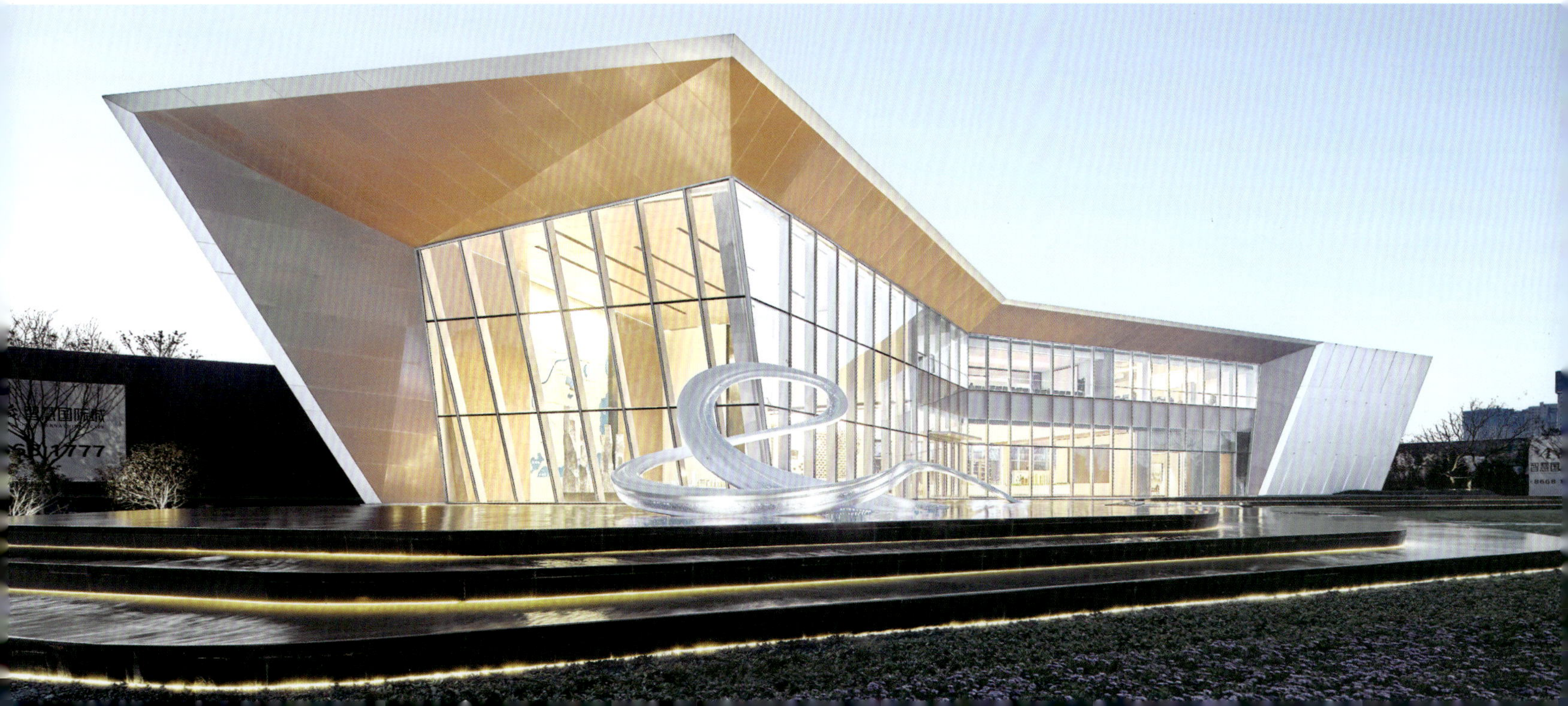

五矿招商鹭山府

开发单位： 招商蛇口、五矿地产

设计单位： 上海拓维建筑设计有限公司

主创人员： 金庆庆、谢俊士

设计时间： 2020 年

建成时间： 2021 年

项目地点： 广州市黄埔区

项目阶段： 在建项目

项目规模： $52451m^2$

项目类别： 住宅

[1] 鸟瞰图
[2] 展示区实景图 1
[3] 展示区效果图
[4] 展示区实景图 2

[1]

[2]

项目简介：

五矿招商・鹭山府是世界双 500 强房企五矿及招商倾力打造的 CBD 人居范本。项目位于广州第二 CBD 地铁鱼珠站附近，上承珠江新城，下接金融城 / 中新知识城，1km 范围内拥有鱼珠、大沙两个地铁站，快速到达珠江新城；周边 300m 内设置三个公交站点，接驳地铁。

项目总建筑面积约 5.2 万 m^2，由 3 栋高层洋房组成，打造成城区现代轻奢社区。项目户型涵盖建筑面积 85~125m^2 三至四房，共 446 户。

项目位于天河区和黄浦区交界处，可享东圃东、鱼珠及大沙地三大板块的生活配套。山姆会员店、宜家家居（天河商场）、居然之家、黄埔体育中心、星荟购物广场、漫广场等大型购物娱乐设施，分布其侧。周边教育资源丰富，2km 范围内布局了 16 所中小学，包括省一级学府怡园小学、港湾小学、86 中分校等。

设计说明：

强调"以人为本"的原则，以人性尺度营造丰富的内部公共活动空间，促进居民社区观念及对居住空间的认同感。

按照人车分流的原则组织小区道路交通系统，着重考虑小区内步行系统的便捷、舒适性，形成良好居住环境。

在用地限制条件较大，用地相对紧张的条件下，需要充分满足人居的基本条件，与周边环境和谐共存，并尽可能为居住者提供尽可能多的室外活动场所及室外园林景观。

[3]

[4]

经济技术指标：

规划总用地：20509m^2

规划建设用地：13802m^2

居住户（套）数：478 户（套）

居住人数：1530 人

户均人口：3.2 人 / 户

总建筑面积：73781m^2

综合容积率：3.80

绿地率：30%

机动车泊位数：587m^2

非机动车泊位数：570m^2

主要技术创新点：

智慧家：数字视频监控系统、社区周界报警系统、社区人行门禁系统、社区灾害管理系统、社区可视对讲系统、社区车行道闸系统、社区背景音乐系统、社区电子巡更系统、电梯联动控制系统、智能快递箱系统、社区环境微气象站、社区 Wi-Fi 全覆盖、社区智能园丁系统、社区门禁人脸识别、社区智能健康仓……

SC 停车场：智能化应用（招商 e 停车云平台、车牌识别、特色应用）、标识系统（交通标识、导向标识）、空气晶质（CO 检测与设备联动、新风系统、环保材料、自然通风）、照明采光（灯光排布、自然采光、物联网照明）、空间形象晶质（地坪处理、T 页面装饰、墙面设计、柱面设计）、创新配套实施（访客车位、单车车位、新能源汽车、物流车位）。

尧舜养心谷休闲度假村

开发单位：浙江尧舜旅游开发有限公司
设计单位：上海尧舜建筑设计有限公司
主创人员：郭水尧、张帅、刘洋、王梅艳、唐中杰
设计时间：2020 年
建成时间：在建
项目地点：浙江省绍兴市诸暨市
项目阶段：在建项目
项目规模：1000000m^2
项目类别：公建、商业、文旅

[1] 类独栋效果图
[2] 醉春风组团鸟瞰效果图
[3] 总鸟瞰图
[4] 醉春风组团入口效果图
[5] 联排效果图 1
[6] 联排效果图 2

项目简介：

项目位于浙江省绍兴市诸暨市东河乡，北临杭州，东接绍兴，南临义乌，区域交通便利。项目用地面积约 1000000m^2，建设用地约 33300m^2，基地现状以山地丘陵为主，地形变化多样，自然资源丰富，植被茂盛，拥有极好的山林景观条件。现状主要以农林用地为主，基地内主要种植竹子及少量茶叶、果树。

尧舜养心谷休闲度假村是集休闲养生、养老、旅游度假、农业观光、农事体验于一体的田园综合体项目，为浙江省第三批“坡地村镇”建设用地试点项目之一。凭借天马山得天独厚的地理位置与自然条件，以及诸暨悠久的历史人文积淀，倡导山水、田园、文化、颐养、休闲的栖居方式，尧舜养心谷主张人居与自然和谐共存的理念，力求能让人们在山水田园的诗意环境中体验高品质的健康生活。目前，尧舜养心谷项目已正式进入建设阶段。

[1]

[3]

[2]

[4]

设计说明：

尧舜养心谷休闲度假村项目是为打造山水自然间的养生谷，营造高品质的居住度假环境，同时希望创造良好的社会效益和经济效益，在规划与设计方面力求前瞻性和超越建筑的表现力。该项目致力于“和谐、自然、舒适”的特色营造，充分利用基地本身所赋予的文化内涵，采用现代的设计思想，突出人性化的设计，创造既满足现代健康生活方式的功能需求，又满足现代人文需求的空间。从总体规划与建筑设计入手，满足人们对养生、度假、休闲、交流、娱乐等多种需求，把该项目打造成为一个依托环境、优化环境，引领高新科技与时尚，并充分体现人文关怀的多元化人居环境综合体。

经济技术指标：

项目建设用地：33311.30m^2

总建筑面积：93770.90m^2

计算容积率面积：63279.54m^2

容积率：1.90

总地下建筑面积：30491.36m^2

投资额度：约 10 亿元

规划用途：用于旅游度假，农业体验观光，养生养老休闲住宿

主要技术创新点：

环境先行，回归自然

环境是影响一个社区品质的决定性因素，同时也是一个项目开发成功与否的关键所在。尧舜养心谷休闲度假村作为一个依山而建的项目，在开发与设计之初就建立“环境先行”的理念，该理念是成功创造人与自然和谐共存的健康度假环境的重要理念。基于得天独厚的自然条件，本项目希望修复基地中原先被开采而破坏的山体环境。在科学的规划下，将山景、水景、林地、农田、茶园、果园等生态资源与建筑融合，形成具有多样环境的高质量景观。通过路网的重新梳理，使规划结构布局更加层次分明，建筑与场地的结合更为紧密，在保护生态环境的前提下创造健康的生态宜居空间，营造贴近自然、回归自然的环境效果。

依山而建，顺应环境

道路走向结合山体实际情况，顺应地形、地势，线形通达、流畅，并适度曲折，一方面可以渐少大面积的开挖对原有山体造成较大影响，另一方面在减速限速的同时，道路与环境相结合，创造舒适、主动、丰富的道路景观视角。建筑方面，设计重视平面、造型与场地的竖向规划相结合，充分利用原有的山体景观、地貌条件形成建筑布局上的差异性，旨在创造出起伏变化的山地建筑聚落群体效果。通过科学的规划设计，尽可能使每一栋建筑都能拥有良好的景观、日照和通风，都能便利地享受公共设施。借助基地的环境优势与先进的设计理念，实现多样化且细腻的建筑与丰富有趣的环境细节，并提高度假人居的生态性、适应性、舒适性，从而满足个性化的需求。

以人为本，生态人居

对尧舜养心谷而言，整体而大气的形象有助于建立一个优质、先进的康养度假品牌。环境设计强推空间尺度、质感与情感的丰富变化，通过使用（功能配置）与空间（视觉感受和体验）两个层面整体提升品质，体现的是现代人居更上一阶的标准和理念。总体规划设置了完备、合理、实用的配套设计，提供完善、便利的配套服务，消除项目开发中的死角，提高整体品质，同时为周边提供良好服务，且通过公共设施和公共活动空间的布置，营造一种亲切宜人、和谐融洽的生活氛围，提升生活品质，创造宁静、和谐、融洽的邻里生活与文化。

[5]

[6]

长春龙翔国际商务中心 B 区

开发单位：龙翔投资控股集团有限公司
设计单位：上海翊睿建筑规划设计有限公司
主创人员：郑翊、莫向国、赵洪钱、赵建中、刘树源
设计时间：2016 年
建成时间：在建
项目地点：吉林长春
项目阶段：在建项目
项目规模：规划用地 1906900m^2
项目类别：其他

[1] 沿街效果图 1
[2] 鸟瞰效果图 1
[3] 沿街效果图 2
[4] 鸟瞰效果图 2
[5] 沿街效果图 3

项目简介：

本项目地处长春市新区，北湖公园东南侧。新区位于长吉图开发开放先导区核心腹地和我国东北地区地理中心，是哈（哈尔滨）大（大连）经济带和中蒙俄经济走廊的重要节点。

本项目位于龙湖大路以北、新盛大路以南、远达大街以西、和安街以东。西侧紧邻长东北城市生态湿地公园和万寿寺，景观优美；规划城市快速轨道交通 5 号线和北湖线经过该区域，交通便捷。该区域对城市形象打造、空间构建、地下空间利用及景观环境塑造具有较高要求，是北湖科技开发区近期建设的重要片区。

本项目充分考虑长春同城的互动发展，结合区位优势，特别是轨道交通优势，对规划区域的空间形态、公共空间及绿化景观、交通组织、地下空间等进行研究，提出整体城市设计方案。建筑内容以文化及旅游产业为主导，打造国际贸易现代服务企业总部基地，产学研究基地。配套服务设有酒店杜娜红酒店式公寓以及高档住宅等现代服务业餐饮业。项目依

[1]

托北湖湿地公园，打造一廊一带，即环湖绿色休闲、健身、文化景观长廊以及湿地公园沿湖亲水景观绿化带。

设计说明：

龙湖科技开发区龙湖国际商务中心 B 区区域规划结构可以概括为“以一个核心辐射四大片区”。本项目规划以两条主干道相交的中心环作为规划中心点，并以中心点向周边辐射，以南地块呼应北地块，融合湿地公园、东侧产业园区与住宅区，以及西北侧大型文化旅游产业、北侧高校区等，从而确立本次规划地块划分，分别为：地标商务办公区（中央核心区），位于光机路、中轴线上，以办公写字楼及部分配套商业为主；国家级新区核心区（地标核心区），位于中央核心区的南侧，以办公写字楼及部分配套商业为主；高品质生活区（住宅），位于规划区的东侧及北侧区域和安街的西侧及中盛路的南侧；配套商业区，位于北侧住宅地块南侧区域；生态休闲及文化产业区，位于环湖路沿路南侧。

经济技术指标：

本项目总规划用地 1906900m^2，其中规划商业服务业设施用地 671531m^2，规划住宅用地 504405.62m^2，规划文化设施用地 185516.42m^2，社会停车用地 106231.15m^2，绿化与广场用地 161653.17m^2，供电用地 29694.08m^2，道路用地 247867.79m^2。

[2]

[3]

[4]

[5]

主要技术创新点：

从建筑的尺度、形式、材料、色彩、交通等设计要素着手，规定共同遵守的准则，以保证建筑的彼此协调，强化地区总体意象特征。

1. 核心区建筑形式寻求地方元素与时代精神的交融，经典与现代相结合。

2. 公共建筑在鼓励建筑形式的个性化同时，强调建筑之间形式的协调与对话，严格遵守规划中建筑的裙房（基座）、主体与屋顶三部分的位置与关系。

3. 沿街相邻建筑为保证建筑之间彼此的连续性和协调性，裙房和主楼的立面处理，考虑相邻建筑的协调关系。

4. 建筑柱顶壁缘的凹凸线脚、装饰、材料、质地与色彩上的相似将有助于建筑形式的统一。

5. 标志性建筑的建筑形式突出强化其个性特征。一般建筑在相邻地块之间具有相似性。

6. 核心区整体建筑风格符合北方环境特征，力求“明快、细腻、丰富、有序”。

7. 建筑裙房强调体现城市“街墙”景观，相邻建筑裙房在高度、色彩、材质、雨棚、标识等方面取得统一或协调。

8. 建筑主楼形体与裙房及环境协调。高层建筑主楼位置遵守规划中的相应位置。

9. 核心区沿街建筑有贴线要求，以保障街道空间界面的完整与连续。

大鹏新区西涌片区海滨带状环境品质提升项目

开发单位：深圳市大鹏新区建筑工务署

设计单位：深圳市诺亚环球景观规划有限公司

主创人员：杨沂、谢沁珏、张琼、郑学隆、樊江涛、周杰、邹伦

设计时间：2020 年 5 月

项目地点：深圳市大鹏新区西涌沙滩

项目阶段：在建项目

项目规模：213000m^2

项目类别：其他

[1] 总鸟瞰图
[2] 记忆园效果图
[3] 风之园效果图
[4] 热带花园效果图

[1]

[2]

[3]

[4]

项目简介:

西涌海湾，全长约 5km，被誉为中国最美八大海岸之一。2018 年台风山竹造成严重的灾害，超过 65000 棵防风林倒伏，沙丘裸露，设施损毁。西涌海岸生态环境亟待修复。

项目建设范围 $2.01\times10^9m^2$，以现状道路裸露沙土为基底，一条全长 4.3km 的生态道路联系线串联四大景点，完善滨海休闲交通体系，形成以台风记忆为特色的滨海科普绿廊，体验自然生态海滨风光。同时以生态本底调查为设计基础，搭建三重防风林体系完善生态修复，并且打造风之园、记忆园、泄湖花园、热风漫步等特色主题适生植被景观。

"一线两段四园"

一条生态道路联系线、两个主题分段、四个主要景观节点。紧抓台风记忆这一场所文化主题，在生态修复的基础上打造独一无二的场所文化印记。

设计说明:

基于西涌沙滩基底生态调查、相关规划条件以及城市双修的设计策略，我们提出了“构建魅力生态基底，打造一线四园绿色科普走廊的构想”愿景，以“山海生境，科普绿廊”为主题打造最美海岸自然科普园。

场地结合植被生态修复策略，未来将形成三道景观界面。

风情沙滩，椰风海岸。

科普漫游，自然博物馆。

防风林带，木麻层林。

结合场地现状，以台风的记忆与新生为科普主题，打通路网形成一条生态道路联系线，形成一线两段四园的景观结构，重点打造台风互动园、台风记忆园、泄湖花园、热风漫步四个以台风记忆为内核的景观节点。

经济技术指标:

红线面积：$213000m^2$

建设范围面积：$201000m^2$（不含游客服务中心与规划停车场 $12000m^2$）

实际实施面积：$166000m^2$

主要绿化修复面积：$155000m^2$（不包含根据现场实际条件进行的植物补植面积）

核心景观节点面积：$47500m^2$（台风互动乐园 $5500m^2$，台风记忆园 $25000m^2$，泻湖花园 $5000m^2$，热风漫步 $12000m^2$）

游路与铺装面积：$23300m^2$（主园路长度 4300m，宽度 4m，次级园路长度 2100m，宽度 2.5m）

主要绿化修复面积：$155000m^2$（不包含根据现场实际条件进行的植物补植面积）

下沙滩台阶：6 个

主要技术创新点:

重塑及构建三重复合型防护林体系

经灾后调查发现，原西涌沙滩生态防风林基底单一，缺少综合固沙群落，防护林基底掏空造成大量倒伏。现有保护类植物如珊瑚菜等几近消亡。此外，海滩基础设施薄弱，急需兼顾生态修复框架提出对滨海度假的引导。

为构建稳定的防风体系，以木麻黄为主干树种，打造三重防风林重塑海岸生态环境

第一道防线，固沙防风。以乔木和固沙地被搭建乔灌为主的透风结构。第二道防线，减弱风速。以乔木、灌木、地被形成三重立体稀疏结构的植被层次。第三道防线，以木麻黄为主，对原有植被进行补种，形成紧密结构的背景防风林。

眉山 · 港利——川港合作示范园

开发单位：眉山港川置业有限公司
设计单位：洲宇设计集团股份有限公司
主创人员：王申
设计时间：2019 年
建成时间：在建
项目地点：成都市天府新区
项目阶段：在建项目
项目规模：383868.64m^2
项目类别：住宅、商业

[1] 示范区效果图 1
[2] 鸟瞰图
[3] 沿街效果图
[4] 示范区效果图 2
[5] 实景图

项目简介：

本项目位于眉山市视高镇，属于眉山市天府新区重点区域。基地西侧为环境优美的柴桑河湿地公园，南侧为南天府公园，北侧与东侧为规划居住区。在川港合作“超级园区”——公园城市，产城融合的产业定位及发展目标背景下，项目如何体现区域品质和活力，作为品牌标杆和产业形象，同时结合周边优质绿色资源打造生态文明圈，成为设计最初的思考与挑战。

设计说明：

川港合作示范园启动区，这个项目南侧是南天府公园，西侧是柴桑河公园，东侧是山体公园，自然环境是非常优越的，如何充分利用外部自然资源，是我们设计的出发点。
在规划上，我们首先用一条产业轴把东西两个片区连接起来，在这里导入展厅、商业、办公等。然后我们用一条生态绿轴，把东西两侧的自然公园与地块内部串联起来，形成了生态住区。

[1]

[2]

[4]

[3]

[5]

整体建筑形态高低错落，前后互不遮挡，都可以享有周边270度的自然景观。

建筑设计上，我们采用现代生态建筑风格，也就是“绿色建筑”，不仅展现了现代建筑美学，而且体现了现代城市的开放性和生态性，体现了人与建筑、自然之间的和谐共生的关系。

经济技术指标：

规划面积：约 320000m^2

计算容积率面积：933900m^2

综合容积率：2.92

绿地率：30.46%

建筑密度：30.48%

主要技术创新点：

垂直绿化

垂直绿化是指利用城市地面以上的各种不同立地条件，选择各类适宜植物，栽植于人工创造的环境，使绿色植物覆盖地面以上的各类建筑物、构筑物及其他空间结构的表面，利用植物向空间发展的绿化方式。目前广泛使用有屋顶绿化、壁面绿化、挑台绿化、柱廊绿化、立交绿化和围栏、棚架绿化等。

垂直绿化的作用与功能

垂直绿化能拓展绿色空间，提高城市绿化面积，促进城市生态环境改善，在德国，开敞型屋顶绿化 50% 以上的面积会被计入绿地率。缓和建筑表面极端温度，延长建筑使用寿命。

垂直绿化的好处

垂直绿化占地少，充分利用了空间，大大提高了城市绿量、覆盖率，增强了绿化的立体效果。通过美化光秃的墙面、土坡等，提高了环境质量。由于蔓性攀援植物随着物体外形变化而变化，从而软化了建筑生硬轮廓并与城市绿化融为一体，创造出多种灵动的装饰效果。

屋顶与挑台绿化的灌溉方式

垂直绿化喷灌是借助水泵和管道系统或利用自然水资源的落差，把具有一定压力的水喷到空中，散成小水滴或形成迷雾落到植物上和地面上的灌溉方式，屋顶与挑台以喷灌为主。

立体绿化的灌溉方式

新加坡 COMSIS 绿植墙系统，通过种植盒的安全结构设计、被动式根部灌溉设计、检修通道设计、植物基质设计、自动补肥系统设计、智能灌溉系统设计等各方面的综合设计，大大降低了绿墙后期的维护成本，保证了绿墙的可持续性。绿植屋顶亦利用预留的花架并形成屋顶设备层保证其可实施性。

恒大·龙泉古镇

开发单位：云南德毅房地产开发有限公司
设计单位：洲宇设计集团股份有限公司
主创人员：聂隽、董庆坤
设计时间：2019 年至今
建成时间：在建
项目地点：云南省昆明市盘龙区
项目阶段：在建项目
项目规模：230000m^2
项目类别：住宅、商业

项目简介：

本项目充分尊重并还原历史变迁的城市肌理，保留城市的原始主要街区，保护地段肌理。因为本项目缘起的特殊性，导致其呈现出物质载体和精神内核都呈“编辑多元化”的面貌。

项目利用中西碰撞，方圆之内多元和谐地融合。充分融合片区文保建筑元素并展现特色古镇风情，与文保建筑风格相协调，修旧如旧。让老物件进街区，结合休闲区域、商铺橱窗等进行创意展示，并保留历史的印记和图腾复原老龙泉记忆。

[1] 效果图 1
[2] 效果图 2
[3] 效果图 3
[4] 北门车站效果图
[5] 效果图 4

[1]

设计说明：

[4]

[5]

规划方案

以重兴西南联大辉煌、再现民国大师风采为开发愿景，重塑西南联大记忆，代言昆明城市未来。以建筑为特色。以老西南联大为背景，以文化包容、开放进取的新昆明精神搭建传统与现代对话的空间。

规划思路

历史还原——文保建筑，修复如旧，以博物馆的形式还原历史与文化。
多元包容——和谐共融，文化旅游与城市商业有机统一。
业态组合——基于中高端特色餐饮，轻奢生活，穿插文化体验。
城市名片——立足于昆明，传承历史，展现风貌，塑造昆明的西南联大文化名片。

竖向设计

充分利用项目场地高差，尊重场地，因地制宜，还原龙泉古镇原始风貌。使场地内建筑高低错落，古镇氛围更加浓厚。

商业设计：打造昆明唯一民国风情街

1. 巧妙地结合项目地铁口的特点，展示民国时代具有典型特色的车站，通过打造“北门车站”作为项目入口一景，落地字、具有年代感的火车头、转向灯、车站门头等形式，将时光倒回 100 年前。
2. 民国时期最典型的莫过于灯红酒绿的街区，将街区的一人一物、一砖一瓦深度还原，将民国的那种中西碰撞，文化杂糅，五味杂陈的国民特征，展示得淋漓尽致。
3. 通过街道景观、商业店招、街区生活演绎小品、地面铺装、街区植被等展示淳朴老昆明，将古镇生活化、场景化。
4. 高端文创产业聚集，历史文化传承、艺术制作，主要以文化基调为主线，以知名大师工作室、高端会所、国粹特色产业为主。

[2]

[3]

办公平立面设计

本项目平面设计依据项目所在位置的优越性，充分发挥其景观价值，利用中西碰撞，融入当地民居特色。建筑元素与建筑立面相结合，营造出别具特色的立面形式。达到复原老龙泉的记忆，丰富古镇立面形式。

经济技术指标：

规划面积：96108.34m^2
建筑面积：224748.94m^2

融创 · 孔雀镇

开发单位：云南广视传媒地产有限公司
设计单位：洲宇设计集团股份有限公司
主创人员：胡暲昱、王申、董庆坤、卓高盼
设计时间：2018 年 8 月至 2019 年 6 月
建成时间：2020 年 12 月
项目地点：云南省昆明市呈贡区
项目阶段：建成项目
项目规模：1020000m^2
项目类别：住宅、商业、文旅

[1] 鸟瞰日景
[2] 鸟瞰图 1
[3] 东南角入口效果图
[4] 内街效果图 1
[5] 内街效果图 2
[6] 鸟瞰图 2
[7] 内街效果图 3

[1]

[2]

[5]

[3]

[6]

[4]

[7]

项目简介：

集创业、商业、办公、居住、社交、休闲、旅游度假于一体，满足多重需求。每天节省 1h，打造孔雀镇高效 25h 全方位生活体验。

设计说明：

1100000m^2 综合体规划设计，作为融创西南片区最大商业综合体项目，项目重点落在特色商业模式打造、文旅综合体的定位、公寓体量的消解上，设计结合以上问题，协调区位现状、片区竞品、地势高差等进行全方位设计升级。在城市潜力地段呈贡新区，打造西南首个 CBD 内的高铁文旅综合体。规划以十字金街为骨架，贯穿项目中心；以孔雀广场为核心，激发场地凝聚力；以四大主题内庭为基地，引爆商业活力；以爱情海为强主力店，辅助人流导入。

经济技术指标：

规划净用地面积：157543.08m^2

总建筑面积：1026390.17m^2

计算容积率总建筑面积：821512.86m^2

容积率：5.215

建筑密度：42.42%

绿地率：21.00%

地下总建筑面积：194623.92m^2

蓝光成都天府新区黑钻项目

开发单位：蓝光 BRC
设计单位：洲宇设计集团股份有限公司
主创人员：聂隽、董庆坤
设计时间：2020 年 4 月至 8 月
建成时间：在建
项目地点：四川省成都市天府新区
项目阶段：在建项目
项目规模：107900m^2
项目类别：住宅

[1] 鸟瞰图
[2] 住宅效果图
[3] 东侧沿街夜间透视图
[4] 商业街效果图
[5] 内庭透视图
[6] 主入口透视图

[1]

[2]

[3]

[4]

[5]

[6]

项目简介：

项目地处天府新区万安寺板块，区位优越，整体配套完善，极具发展潜力，东侧可远眺龙泉山脉，风景优美。此外，基地内部存在约 5m 高差，规划条件要求西北部交叉口需布局不小于 1500m^2 的城市开敞空间，需设置一条贯穿南北的 7m 宽社区绿道，是成都建设“公园城市”绿脉体系中的重要一环。蓝光天府黑钻项目是蓝光集团进军天府新区的标杆项目，以“黑钻”立意。蓝光“黑钻”源于半岛酒店生活精髓，以“收藏世界博物之美”为精神内核，打造东方博物豪宅。

设计说明：

设计以“云谷”为中心理念，退让城市节点造就“绿岛”。将政府要求的开敞城市空间、社区公共绿道与地势高差结合设计，形成中央下沉峡谷景观。此点状绿化空间，为城市带状或片状的公共绿脉系统进行补充，提升公共空间层次性。在保证居住空间与公共空间独立性的同时，也架起了两者间交流的桥梁，促进社区居住空间与城市公共空间之间的互动，与城市共同生长。

云

这个建筑元素是由较大的干净的体块所构成，用来表达云一般漂浮的感觉。设计通过流动的线条和漂浮的屋顶花园表达不同形态的云端效果。

雾

这个元素在一个漂浮于“石”元素的区块上下以有机的形式配置，材质上类似“云”的元素，但是强调水平向的延伸感，是一个半透明甚至夜间搭配灯光效果发出微光的立面表现。部分的“雾”元素漂浮在商业的区域，由于建筑较为低矮，商业的体块构想为“石”与“雾”的综合体。利用更多水平向的语汇让商业的设计能更好地融入项目低层的形体变化。

石

树立在“谷”元素之上，形成一种峡谷中耸立的巨石的感觉。材质上采用像是层积岩一般层叠效果的石材作为立面的考虑，另外利用层与层之间的交错搭配植栽形成自然的感觉。

谷

在项目最底层的元素。将这个相对扁平的空间增加层次感。例如：利用采光井或是小型的下沉空间在视觉上进行空间的串联。多层次的绿化空间可以不需要限制在地下一层峡谷层或是首层，而是可以适当地延伸到二层以上。

经济技术指标：

规划面积：约 33300m^2

规划总建筑面积：约 107900m^2

厦门中奥游艇俱乐部

开发单位： 厦门中奥游艇俱乐部有限公司
设计单位： 洲宇设计集团股份有限公司
主创人员： 许海峰、李杨
设计时间： 2020 年
建成时间： 在建
项目地点： 福建省厦门市
项目阶段： 在建项目
项目规模： $319700m^2$
项目类别： 商业

[1] 俱乐部室内效果图
[2] 总平面图
[3] 鸟瞰图
[4] 透视图 1
[5] 广场效果图
[6] 透视图 2
[7] 夜景透视图

[1]

[2]

[3]

[4]

[5]

[6]

[7]

项目简介：

本项目位于厦门翔安区，南侧临海，东侧紧邻滨海东大道，为翔安区重要门户位置，环境优越。项目的主要业态包括游艇俱乐部和会议中心、公寓式酒店、度假式酒店以及风情商业街、婚纱摄影基地。中奥集团通过整合游艇的上下游资源以及全产业链，将该项目打造成为品牌的标杆以及企业形象的示范基地。

设计说明：

整个片区围绕内港，由东西两部分组成，西侧规划为高端度假酒店以及公寓式酒店，东侧规划为游艇俱乐部和风情商业街等等，动静分区明确。在天际线的规划上，整体北高南低，西侧最高点为150m公寓单塔，缓缓向东侧降低，到俱乐部部分再次升起，所有高层的顶冠采用统一的弧形造型，仿佛海浪的翻涌，形成一道沿海的优雅的天际线。俱乐部的体量和造型仿佛从海浪之中鱼跃而出，极富动感，令人印象深刻。东区通过观景连廊将各个功能充分整合，多区联动，从俱乐部到商业街、水石活动中心再到婚纱摄影基地，形成一条完整的旅游观光动线。

经济技术指标：

规划面积：319700m^2

计算容积率面积：289900m^2

综合容积率：0.99

绿地率：30.00%

建筑密度：23.75%

蓝光 · 芙蓉山悦

开发单位：蓝光 BRC

设计单位：洲宇设计集团股份有限公司

主创人员：李磊

设计时间：2020 年 8 月

建成时间：在建

项目地点：广西南宁市五象新区

项目阶段：在建项目

项目规模：约 50700m²

项目类别：住宅、商业

[1] 示范区实景图 1
[2] 示范区实景图 2
[3] 鸟瞰图
[4] 示范区实景图 3
[5] 示范区实景图 4
[6] 示范区实景图 5
[7] 示范区实景图 6

[1]

[2]

[3]

[4]

[5]

[6]

[7]

项目简介：

本项目位于广西南宁市五象新区龙岗板块，属于五象新区重点区域。基地东侧为紧邻邕江的龟山滨江公园，北侧与西侧为规划商业区，南侧为在建住宅小区。项目紧邻邕江，属于一线江景资源地块，在朝向上充分利用周边优异的景观资源，错落有致的总平规划，大尺度的舒适中庭园林景观设计，创造视野最大化，景观价值最大化，打造该地区高品质建筑群。建设目标是落实生态文明建设的范本，打造绿色、低碳的中国文明社区生活的典范。

设计说明：

蓝光芙蓉山悦，这个项目东侧是龟山滨江公园，紧邻邕江，自然环境非常优越，如何充分利用外部自然资源，是我们设计的出发点。在规划上，我们主要将 11 层洋房放置各地块东面，高层基本东西向排布并错开洋房山墙遮挡，使高层大户型最大化欣赏江景资源。整体建筑形态高低错落，东西互不遮挡，最大化地享有滨江自然景观资源。建筑设计上，我们通过构成、色彩、虚实的演绎与诠释，营造出舒适宜人的人居氛围，使得形象在各个方向均绽放出别样的光彩——无论是从城市远眺，还是置身其中，均能体验到全景式的优美画面。

经济技术指标：

规划面积：约 50700m^2

计算容积率面积：12.78 万 m^2

综合容积率：2.50

绿地率：35.01%

建筑密度：23.25%

旭辉 · 句容宸悦赋

开发单位：旭辉集团，江苏旭辉区域集团 南京分公司
设计单位：LWK+PARTNERS 梁黄顾
主创人员：高方明、王益、孙鹏志
设计时间：2019 年
建成时间：2020 年
项目地点：江苏省镇江句容市福地东路南侧、行香路北侧
项目阶段：建成项目
项目规模：393133m^2
项目类别：住宅

[1] 实景图 1
[2] 总鸟瞰图
[3] 实景图 2
[4] 实景图 3
[5] 室内图
[6] 实景图 4
[7] 实景图 5

[2]

[3]

[1] [4]

项目简介：

旭辉·宸悦赋，承袭铂悦基因，落地 CIFI-6 的产品理念，全国第二座宸悦系作品登临句容。项目规划有 11 层洋房及 18 层小高，整体规划延续城市肌理，为句容带来一线都会级的生活格局。展示区从一个原点向南发出的数条放射线，变为建筑的屋脊，折叠出一个动态的大屋顶，覆盖下沉花园和场地。一个从地面升起的滨水平台，向上承接悬浮的屋顶，“纸飞屋”的主体空间就此形成。CIFI6 自由、激情、梦想的基因由此体现。

设计说明：

以开放、生态、未来的格局，为句容这个承接双城融合的板块，带来全新的 CIFI6 社区。童年的生活是梦想，成年人的生活是寻找失去的梦想。一架纸飞机降落在家门口，一个令人迷恋的下沉庭院花园，一个熊孩子的乐园……每个人的童年之梦，幻想之翼，沉淀在我们灵魂的深处，凝聚成旭辉·宸悦赋示范区的建筑灵感。

经济技术指标：

总建设用地面积：49625.00m^2
净用地面积：49625.00m^2
总建筑面积：128109.33m^2
计算容积率建筑面积：99235.72m^2
地下车库面积：28350.00m^2
架空层面积（不计算容积率）：523.61m^2
容积率：1.9997
居住总户数：721 户
户均人口：3.20 人
居住总人数：2307 人
总建筑密度：17.90%
绿地率：39.01%
总配套停车位：798 个
地面机动停车位：72 个
地下车库车位：726 个
非机动停车位：1974 个

主要技术创新点：

从一个原点向南发出的数条放射线，变为建筑的屋脊，折叠出一个动态的大屋顶，覆盖下沉花园和场地。一个从地面升起的滨水平台，向上承接悬浮的屋顶，“纸飞屋”的主体空间就此形成。从南侧的绿地看过来，“纸飞屋”像悬浮在树梢之上的巨伞，控制着场所的核心空间。二层东西两侧的露台，勾勒出长长的水平线，对比中更加凸显折纸屋面的灵动。水平线折向地面，主入口顺势而成。整个建筑的南面，巨幅的玻璃幕墙把室内空间的灵动，像舞台布景一样呈现在来访者面前。

[5]

[6]

[7]

昆山兰亭大境

开发单位：旭辉控股（集团）有限公司江苏区域集团苏州公司

设计单位：上海日清建筑设计有限公司

主创人员：宋照青、蔡兢凯、周显寅、郭亚斐、苏衍博、吴凌昊、黄建勇

设计时间：2019 年 12 月

建成时间：2022 年 6 月

项目地点：江苏省昆山市巴城镇祖冲之路

项目阶段：在建项目

项目类别：住宅

[1] 入户大堂效果图
[2] 售楼处实景图
[3] 总鸟瞰图
[4] 社区景观效果图 1
[5] 沿街人视效果图
[6] 社区景观效果图 2

[1]

[2]

项目简介：

昆山巴城的旭辉社区中心，是在非常特殊的疫情期间，在非常短的设计周期内完成的建筑项目。从最早的极度张扬的立面形态，逐步回归于理性和平静。着重于对居民的归家动线的研究，在尊重人的行为的前提下，重新构筑场所环境，以谦逊态度塑造城市公共空间，营造积极氛围，使之成为社区内部和城市开放道路之间的一座沟通桥梁。

设计说明：

项目南临清水河西望巴城湖，注重于景观氛围双重打造。

在规划设计上本着传承苏州的文化灵魂的原则，力求在风光旖旎的苏州昆山，延续儒家的道统文脉，意欲涵养崇文重教的精神。在设计中着重保留昆山的城市面貌，重塑沿祖冲之路的城市天际线与城市形象。小区内部景观可结合外部环境“借景”营造，内外兼修。

通过空间的精细化处理寻求心灵的平静。不止设计空间，亦设计居住者在其中的生活。我们不仅建造房子，更营造一种生活方式。立面造型以现代中式的体量，强调建筑的雕塑感。建筑基色以灰白色为主，回应传统苏州老城的粉墙黛瓦建筑风貌。

用块面的构成与开窗的形式强调建筑的几何美感，并通过材料的质感及颜色的变化，使整个建筑亲切、自然又极富时代感。细部采用符号化的中式元素语言，映射传统江南民居的文化涵养。

以现代中式手法演绎传统苏州精神，在阳澄湖畔核心地段创造景观开阔、奢居臻享的高端活力社区。

经济技术指标：

总用地面积：83780.5m^2

总建筑面积：264135.15m^2

地上总计算容积率面积：192695.15m^2

地上不计算容积率面积：400m^2

容积率：2.3

建筑占地面积：18000m^2

建筑密度：21.48%（≤ 30%）

绿地率：35.01%（≥ 35%）

公共绿地：5568m^2（1.0m^2/ 人）

地下建筑面积：71040m^2

机动车停车位：1941 辆

非机动车停车位：2891 辆

住宅总户数：1740 户

人数：5568 人（3.2 人 / 户）

[3]

[5]

[4]

[6]

中铁阅山湖云著综合体

开发单位： 中铁置业集团贵州公司
（贵阳中铁诺德置业有限公司）
设计单位： 深圳市柏涛蓝森国际建筑设计有限公司、柏涛建筑设计（深圳）有限公司
主创人员： 张磊、刘日哲
设计时间： 2018 年 10 月
建成时间： 在建
项目地点： 贵州省贵阳市观山湖区
项目阶段： 在建项目
项目规模： 150000m²
项目类别： 住宅

[1] 总鸟瞰图
[2] 售楼处外景
[3] 售楼处庭院实景
[4] 滨水城市界面

[1]

[2]

[3]

项目简介：

项目位于贵阳观山湖区云潭北路以东，观山西路以北，诚信北路以西，林城西路以南。本项目共分为 G（18）067、G（18）068 两个地块。两地块被东西向规划道路隔开，G（18）067 地块位于规划道路北侧，G（18）068 地块位于规划道路南侧。规划总用地面积 239183.90m²，其中市政道路面积 70503.50m²，道路绿化保护带 13813.20m²，公园绿地 3154.00m²，净用地面积 151713.20m²。

项目总建筑面积 518544.69m²。总计算容积率面积 379283.00m²，其中住宅 312496.01m²，公租房 15625.96m²，商业 30234.91m²，公建配套（含幼儿园、中小学）20926.12m²。

该住宅楼盘建设无疑会给这一地区的城市地段的开发注入新的活力。对形成新的城市景观，视线走廊和城市天际线的把握，需依赖设计深入细致的考虑和分析。任何创造、构想和对未来城市空间的控制都必须基于对这一城市独特地段的尊重。

在“经济、实用、美观”的基本前提下，以“环保、节能、安全、舒适”为设计原则，为居住者提供人性化、生态化的设计产品。在处理好总体功能布局、环境景观、交通组织以及整体建筑风格几大要素的同时，也要满足规划、消防、安全和经济合理等各方面的要求。努力打造一个理想人居境地，使该小区成为一个极具个性的城市住宅小区。力争经济、社会和环境效益三者统一。

设计说明：

本方案以尊重自然再造自然、融入城市空间环境这一观念为核心，总体布局以人为本，通过一系列与环境相融的人性化设计，创造出尊贵、自然、优雅的人居社区，使住宅居民真正感受到亲和、随意、自由的生活方式。

结合场地高差，因山就势，顺势而为，场地主要分为三个台地，最大程度契合地形，车辆平进地库，双首层大堂设计，多级礼仪入户空间，尽享豪隐生活又节省了土方开挖成本。

住宅庭院地坪设计标高与外围沿街商业顶板标高基本相同，庭院四周无建筑体量遮挡，保证了住宅庭院的通风条件和景观视线的通透性，提高了住宅庭院的舒适度，创造了连续且宽广的景观视野，使得住宅获得较高的景观附加值。

规划在北侧地块东侧道路分别设置地下车库、小区人行及幼

儿园出入口。在南侧地块用地南侧及北侧分别设置人行出入口，地下室车库出入口沿北侧规划道路设置，在用地东北角设置中小学出入口。

在总体设计中，注重景观与地势的结合，形成安逸且层次丰富的园内景观系统，环境空间更富人性化。

配套商业以底商形式呈现，形成较广的覆盖，使其形成便民的商业体系。高层布局顺应城市设计，打破封闭的布局形态，以一梯二、一梯三和一梯四点式布置为主，争取景观面，结合市政道路把它有机分隔形成视线通廊。

现代典雅风格的立面造型，塔楼整体分为三段，其中分别为顶部、标准段和基座。头部造型结合典雅格栅设计，形成塔楼造型标志；标准段横竖线条有机结合，形成律动感；基座端庄稳重，提升入户形象与品质。

经济技术指标：

规划总用地：239183.90m^2

总建筑面积：518544.69m^2

总计算容积率建筑面积：379283.00m^2

不计算容积率建筑面积：139261.69m^2

建筑密度：30.00%

绿地率：30.00%

容积率：2.50

建筑高度：80m

居住户数：2350 户

居住人数：7196 人

机动车停车位：3639 个

主要技术创新点：

本项目将操场、教学楼、教学楼屋顶互相连接，整合成校园中重要的室内外运动文化教学活动场地和开放空间。

特点

1. 空间变化丰富。
2. 屋顶活动平台的充分利用。
3. 提高室外教学活动场地的利用率。
4. 操场与教学空间联系紧密。

此产品在狭长的地形中，将操场抬高，教学楼屋顶做成缓坡与操场自然连接，从教室出来可来到屋顶花园，也可顺着屋顶花园来到操场，提高了室外活动场地的利用率，为开放式教学提供了更多可能。

本项目采用装配式建造方式，把大量现场作业工作转移到工厂进行，在工厂加工制作好建筑用构件和配件（如楼板、墙板、楼梯、阳台等），运输到建筑施工现场，通过可靠的连接方式在现场装配安装。

项目以科研设计一体化为技术支撑，以 BIM 为高效工具，以智能建造平台为保障手段，创新推行以“研发 + 设计 + 采购 + 制造 + 管理”的装配式建筑 REMPC 管理模式。

建筑方案设计中遵循以下主要的基本原则

1. 注重建筑群体组合关系，强调城市建筑整体形象与个性特征。
2. 以现有场地的地形地貌为出发点，营造特色环境，建立生态式园林社区。
3. 在保持经济发展的同时，减少能源消耗和污染，尽量采用自然采光和自然通风，使人们更多地接触到自然，来保持身体的健康。
4. 设计应用先进技术手段，建立全方位智能化社区管理服务系统。积极应用新材料、新技术，提高住宅科技含量，倡导节能及无障碍设计，创造人性化的居住空间。

[4]

中铁云湾

开发单位：贵州中铁诺德地铁置业有限公司
设计单位：中设工程咨询（重庆）股份有限公司
主创人员：李健、陈潇、任晓娅
设计时间：2020 年 3 月
建成时间：2020 年 10 月
项目地点：贵州省贵阳市清镇市龙凤大道中铁云湾综合体
项目阶段：在建项目
项目规模：500000m^2
项目类别：住宅、商业

[1] 鸟瞰图
[2] 合院透视图
[3] 商业透视图
[4] 夜景鸟瞰图
[5] 沿河透视图

[1]

[2]

[3]

项目简介：

本项目以“先造风景区，再嵌人文城”的理念，打造“一心、双公园、多轴线”的山水城市格局。小区整体造型以简洁、大气为主；风格与城市的发展需求相协调。高层建筑标准段强调横向线条，利用大尺度的弧形阳台体块错动穿插，形成律动感；基座端庄稳重，同样利用弧形元素，提升入户形象与品质。顶部辅以标志性的弧形构架，在连续的立面线条组合下，形成优雅的建筑韵律。

抛开城市的浮华喧嚣，走进清镇重要的湿地公园寻山观水、踏云揽月、放松身心，再来到为这里量身打造的艺术馆，步移景异，高透的弧形玻璃撑住流畅的云朵造型，整体建筑轻盈通透、色泽柔和，结合内敛的底座空间，更显艺术馆的气质灵动飘逸。从区域入口通过和主体建筑空间形态相呼应的风雨连廊，就可以进入面向浅浅的镜面水景的接待大厅，再进入展示区和影音室，建筑四周完全连续的玻璃面将室外多维度的景观渗透到视野内，使得山、水、景相互交融。设计取意传统文化中的祥云符号，加以抽象提取，形成独有的云朵造型。流畅的建筑形体加深了和环境的结合度，面向老马河的角度细致推敲，避免周边山头的干扰，尽可能使视线穿透树影到达水面。建筑立面通过铝板和玻璃的组合，材质的特性产生强烈的反射与通透的对比，既各成领域又互相映衬，使得建筑的质感细腻精致。同时，玻璃、水面的镜面反射与铝板的漫反射交汇共生，水面倒映建筑轮廓，玻璃反射树影与天空，形成一幅光影变幻的生动场景。

设计说明：

“山林湖景，天然景城”——本项目整体规划以“先造风景区，再嵌人文城”的理念，打造“一心、双公园、多轴线“的山水城市格局，引导人们回归自我，修身养性，远离都市喧嚣，打造豪隐生活。营造一种水为脉、山为心，青山绿水共为邻，城市里的公园，公园里的生活场景。运用现代的设计手法将建筑与园林的重新演绎，为居住者提供独一无二、宁静自然的情感空间。

依山面水的排布，前低后高，丰富天际线，只为每一户的视野最佳。结合原生地貌保证视野的开阔性，利用场地高差优势，创造出多样的空间感受。将高层住宅建筑沿用地周边点式布置，营造良好的城市空间视觉通廊，形成“望得见山，看得见水”

的城市空间形态。

景观设计采用景区式打造的方式，基于老马河湿地公园的保护原则，将项目内部景观与老马河湿地景观融合成大景区的概念，通过中轴线景观将湿地公园景观轴线引入项目内部，同时考虑增加亲水通道，为居民提供滨水游览路线。还设置了湿地研学营（云朵艺术馆），从文化教育的角度，普及湿地保护，同时提供游览体验。

行到水穷处，坐看云起时。和煦的阳光下，蜿蜒的老马河畔漂浮着一朵洁白的“云朵”，在葱葱郁郁的绿树中时隐时现，那就是作为湿地研学营的云朵艺术馆。高透的弧形玻璃撑住流畅的云朵造型，整体建筑轻盈通透、色泽柔和，设计取意传统文化中的祥云符号，加以抽象提取，形成独有的云朵造型。

经济技术指标：

规划总用地：159424.57m^2

居住户数：3003 户

居住人数：9610 人

总建筑面积：500331.85m^2

地上建筑面积：361841.56m^2

地下建筑面积：138490.29m^2

总计算容积率建筑面积：360211.97m^2

容积率：2.26

建筑基底面积：47449.77m^2

建筑密度：29.76%

绿地面积：55804.94m^2

绿地率：35.00%

总停车位：3848 个

限高：79.60m（总规划要求≤ 80m）

整个项目规划总用地面积 159000m^2，建筑面积 500300m^2，计算容积率面积 360200m^2，将吸纳近 3003 户家庭，9610 人居住。

主要技术创新点：

立面专利设计：项目立面拥有新型设计专利，包括湾境合院、云峰高层、云涧洋房、云影叠院等四个设计专利，从立面材质创新到别具一格的造型设计，本项目的立面设计结合生态、现代、艺术的理念，创新定义现代风格，力求打造立面设计新高度。有别于主流市场的古典风格和都会风格，采用全景观面横向质感线条、大开间尺度，对称仪式感、弧形倒角、简约典雅，以纯净、自然、极简、现代的设计理念，建筑融于自然、兼顾度假风格的舒适之家。

云峰高层特有的海洋风格曲线立面，突出高耸入云的形体，塑造独具海洋风格的立面横向曲线，营造刚柔并济、简约时尚的高品质。

湾境合院以大面积的玻璃窗、片墙的穿插，体块构架的进退来反映阴影的变化、强调立面的几何构图关系，低调中充满了细腻的艺术，有机、挺拔、富有韵律感的外观形象。

户型专利设计：项目云峰高层、云涧洋房分别取得了国家户型设计专利。在户型设计上遵从居住体验优先的原则，给予每个户型充分的功能性、舒适性。

[4]

[6]

杭州卓越傲旋城

开发单位：卓越集团
设计单位：上海日清建筑设计有限公司
主创人员：任治国、刘振、申洪、魏彬
设计时间：2020 年 3 月
项目地点：杭州高新技术产业开发区（滨江）滨康路以北，时代大道以西
项目阶段：在建项目
项目规模：212668.21m^2
项目类别：其他

[1] 优化方案东北方实景鸟瞰
[2] 优化方案东南方实景鸟瞰
[3] 人视效果图
[4] 鸟瞰效果图
[5] 近景效果图

项目简介：

杭州卓越傲旋城项目位于江南副城杭州市滨江区时代大道滨康路路口，距离钱塘江仅有 2km 的路程，是一个包含商店、公寓、住宅和酒店的超高层综合体。本项目将不同功能的空间容纳进垂直都市之中，打造兼容居住功能与未来感整体的立面。在杭州这样风景秀丽，拥有良渚文化、吴越文化、南宋文化、西湖文化、运河文化、钱塘江文化等多种文化烙印，文化底蕴丰富的城市，打造出一个极具地域特色的未来景观。

项目 1~5 层裙房部分是一个集合宴会厅、运动、商业等功能的商业综合体，能够提供全方位的生活娱乐服务满足日常生活的需求。A 塔楼与 B 塔楼以 30 层为分界点，6 层至 30 层为公寓功能，30 层以上为住宅功能，丰富的业态可以满足不同业主的需要。A 塔楼与 B 塔楼的屋顶设有直升飞机停机坪，能够丰富业主的出行方式与未来的发展需要。C 塔楼作为豪华酒店功能，25 层设置有室内泳池，健身房等运动设施，屋顶层设置有景观构架的屋顶花园。能够以丰富的酒店设施，优越的酒店环境给客户带来舒适的入住体验。

[1]

[2]

[3]

设计说明：

本项目采用简洁、干净的铝框将建筑体量表达明确，加强建筑的挺拔感和设计感。在立面整体框架的主基调下，分为三个单元，每个单元有进一步的变化处理，形成逻辑清晰、协调丰富的现代建筑立面。外框与玻璃虚实对比强烈，辅以幕墙竖向杆件过渡，金属百叶点缀使立面层次丰富。

用仪式感的门头强调了裙房的主入口和酒店塔楼的入口，裙房体量上在深色石材上嵌入一个浅色的金属框造型，与塔楼格调一致且保持了基座的厚重感和现实感。虚实对比，实现未来与现实的交融。

细节上外立面运用了银灰色的铝板，各个塔楼的建筑立面边框铝板尺寸和造型统一。现代跃层处金属百叶的布局点缀立面。立面交接处的边框线脚细致且有丰富的层次。A、B、C 三栋塔楼与裙房的连接处，立面上做了两层的全玻璃面处理。塔楼 30 层以下的部分，局部采用玻璃幕墙，增强立面的完整性。C 塔楼除去外挂构架，减少竖梃划分，使立面更加整洁。并且 C 塔楼外立面采用了上下交错的设计手法，立面的节奏韵律感得到了增强。C 塔楼在结构柱的对应位置辅以木纹铝板，增强立面细节。C 塔楼与 A 塔楼、B 塔楼交接处的玻璃面一直延伸至屋顶，建筑的边框铝板造型与 A、B 塔楼统一。立面“斜叉”元素的实现方式调整为横向遮阳百叶变化，能够保证玻璃面的完整性，减少竖向遮挡。

经济技术指标：

总用地面积：15161m^2

总建筑面积：212668.21m^2

计算容积率积率面积：160506.84m^2

容积率：10.59

建筑占地面积：5275.46m^2

建筑密度：34.80%

绿地面积：4548.3m^2

经地率：30.00%

机动车停车位：1186 个

非机动车停车数（地下 / 总共）：2650/3610 个（150 个公共自行车位）

住宅户数：436 户

小于 90m^2 面积比：43.78%

客房间数：37 间

[4]

[5]

南京卓越大江项目

开发单位：卓越集团
设计单位：上海森拓建筑设计有限公司
主创人员：李盼杰、孔付周、丁瑜、刘家伟、钱程
设计时间：2020 年 7 月
项目地点：江苏省南京市江北新区
项目阶段：在建项目
项目规模：99005.39m^2
项目类别：住宅

[1] 社区入口透视图
[2] 横江大道沿街透视图
[3] 鸟瞰图
[4] 架空层透视图
[5] 高层透视图

[1]

[2]

[3]

[4]

[5]

项目简介：

项目位于南京市江北新区，基地周边道路完善，2km 范围内可达地铁 10 号线浦口万汇城站和临江・青奥体育公园站。项目基地东侧紧邻火药洲路，西侧紧邻兴隆路、望江路，南侧紧邻横江大道。

地块总用地面积为 26966.65m^2，本工程设计总建筑面积 99005.39m^2，其中原地块计算容积率面积为 67416.63m^2，另装配式奖励计算容积率面积 1311.03m^2（住宅 2% 计算容积率面积）。地下建筑面积 29427.73m^2。包含 5 栋高层住宅、物管用房、商业配套、配电房、公用开关站及地下一层汽车库。

设计说明：

项目地块规划沿南侧横江大道放置 1+25F 和 1+28F 层 2 栋高层住宅，首层架空，沿基地北侧放置 3 栋 33 层看江高层住宅，中间为小区中心花园，沿东侧火药洲路放置商业配套和小区入口大厅。

总平面依据小区周边现况，合理划分功能分区，小区采用行列形式布局，提高均好性和多样性。住宅都朝东南方向布局，住宅满足日照和通风要求。

项目地块交通组织采用人车分流原则，除消防车外，其余车辆一般不进入住宅区。机动车集中在地下室停车，在小区中心绿地内部设计自由人行道路，人行道路和集中绿地相连，创造出更加宜人的室外环境。住宅建多设置景观步行通道，进入各个住址单元，最大化实现人车分流。

项目地块在建筑设计上采用现代公共建筑化风格。以“传承、凝练、再生、价值”为理念。截取其经典的符号，凝练建筑线条比例，通过极简的现代风格，以符号化的营造方式，建构新的设计语言，呈现出内敛、柔美的现代式审美意象。

经济技术指标：

建设用地：26966.65m^2

总建筑面积：99005.39m^2

地上计算容积率面积：68727.66m^2（含装配式奖励面积 1311.03m^2）

地下室建筑面积：29427.73m^2

容积率：2.5

建筑密度：15.95%

建筑高度：100m

绿化率：35%

主要技术创新点：

1. 装配式住宅建筑
2. 首层架空层开放空间
3. 屋顶太阳能
4. 中央空调
5. 街角公园

南京栖樾府

开发单位： 卓越置业集团（南京）有限公司
主创人员： 代成伟、祝凯、苏裕、李卉、王昌龙
设计时间： 2019 年 6 月
建成时间： 2021 年 3 月
项目地点： 南京市浦口区七里河大街和江北快速路交叉口北侧
项目阶段： 在建项目
项目规模： 180027.40m^2
项目类别： 住宅

项目简介：

本项目位于南京浦口江北新城核心区，地处七里河大街和江北大道快速路交界处。总用地面积 75256.79m^2，其中包括净用地面积 70065.28m^2，代征用地 5191.51m^2。
本项目地处七里河河畔，西部与江苏警官学院隔河相望，东侧与鼓楼医院一路之隔，地块缺口处为浦口知识产权服务大厦，北侧紧邻市政绿化，南侧为待建小学。文化、医疗、安全、交通、环境一应俱全。

设计说明：

规划理念

定位社区客厅——社区公共交往空间。项目重视多级公共交往空间的设计。社区客厅由入口广场、绿化广场以及社区用房组成，打造城市项目公开空间。
车位不布置在地面，项目做完全人车分流，保证组团内可达性的同时，内环为步行区域。

[1] 售楼处实景图 1
[2] 售楼处实景图 2
[3] 鸟瞰图
[4] 售楼处实景图 3

[1]

[2]

[3]

项目步行系统强调住户的入户体验序列：强调城市空间—社区大门—公共景观主轴—组团景观绿地—宅间绿地—入户大堂的空间体验感。

消防和应急车行系统

基地主要消防通道为外环路网，组团内部设置消防尽端，组团内部主要景观路满足消防应急车辆通行。

景观结构

中央景观绿地为小区公共活动的主要空间，形成大尺度景观空间。项目景观空间通过多层次庭院空间变化，使每个组团有不同空间特质，避免组团空间类似，增加小区内住宅识别感。

本项目竖向设计原则

地下车库可以利用地形设置采光井和下沉庭院，进行自然通风和采光，减少日常使用成本。

户型设计

小区住宅设计集中突出多样性、均好性、合理性、创新性。多样性表现为多户型、多种空间形式、多种变化的可能性。合理性表现为动静分区，食寝分区，洁污分区；厨房及卫生间设备及管线的合理设计，与每种户型面积相匹配，能结合模数定位，并具有良好的采光通风条件。厨房充分考虑地方生活习惯，做到合理安排洗涤池、炉灶与操作台，空间利用充分合理，通风排烟设施位置合理顺畅。

总结

舒适的居住环境、高效的全周期流程。各类标准化集约化措施以达成安全生产、节能生产的目标。设计规划注重土地节约，尊重环境。项目精神气质与江北新区的现代风貌相契合。

经济技术指标：

总用地面积：75256.79m^2
总建筑面积（计算容积率 + 不计算容积率）：180027.40m^2
计算容积率建筑面积：105097.92m^2
不计算容积率建筑面积：74929.48m^2
容积率：1.50（≤ 1.5）
建筑占地面积：15344.64m^2
建筑密度：22.00%（≤ 25%）
绿地率：40.00%（≥ 35%）
住宅户数：962.00 户
总人数：3078.40 人（3.2 人 / 户）
机动车停车位：1172 辆
非机动车停车位：1666 辆
建筑限高：35m

主要技术创新点：

本项目建筑平面采用标准化设计，从户型、平面、立面等各方面均进行统一，最大限度地提高效率，降低成本，充分发挥建筑工业化建造的优势。
从住区规划设计开始，尽量减少住宅单元户型种类，以 4 种标准户型拼接，组合成 4 种单元形式，为后期单体标准化设计提供了必要的条件。
立面采用标准化装配式设计，确保立面形式统一。采用标准化装配式门窗，装配式栏杆等，提高立面建筑构件的预制装配率。相同户型住宅的层高相同，使得预制构件的量化生产更为高效，便于装配式技术的快速实施。

[4]

卓越蔚蓝星宸

开发单位：卓越置业集团南京有限公司
设计单位：中哲国际工程设计有限公司
主创人员：杨小军、刘海、顾频捷、朱宇池
设计时间：2019 年 10 月
项目地点：江苏省南京市江北新区
项目阶段：在建项目
项目规模：154983.55m^2
项目类别：住宅

项目简介：

项目区位：本项目位于江苏省南京市江北新区葛塘街道中鑫路以北、润富路以东。

项目用地：项目用地面积 56666.67m^2，用地性质为 Rb 商住混合用地（100%）。

项目总览：总建筑面积 154983.55m^2，其中地上建筑面积 113795.1m^2，地下建筑面积 41188.45m^2。包含 12 栋 18F 高层住宅、1 栋 16F 高层住宅、1 栋 12F 高层住宅、5 栋 2F 商业以及地下汽车库。

设计说明：

设计理念：围绕温馨家庭、和谐空间、人文社区、文化传承四大主题，打造惬意的商业空间体验与生活情景，并充满活力，符合场所精神的梦想家园。

[1] 沿街人视图 1
[2] 沿荣鑫路人视图
[3] 总鸟瞰图
[4] 沿街人视图 2

[1]

[2]

[3]

建筑基底面积：17069.4m²
建筑密度：30%（≤35%）
容积率：2.0（≥1.01且≤2.0）
绿地率：30%（≥30%）
居住户数：1143户
总人数：3659人
机动车停车数量：1231辆
非机动停车数量：2425个
建筑限高：≥35m≤60m

设计策略：合理的空间格局，商业与住宅分区考虑，减小商业对周边住宅的影响，提升社区品质；住宅在地块内均匀分布，使每栋建筑平均分配自然资源。人性化的道路组织，道路结构清晰，道路等级明确，住宅与商业车行流线，自成体系，互不影响。小区入口人车分流，尽显人文关怀。地下车库主要出入口靠近小区出入口设置，减少场地内部地面车流量，提升居住环境品质。步行系统和车行系统有效组织，在保证互不干扰的前提下，最大限度地考虑人行的便捷性。张弛有度的景观设计，景观采用点面结合、渗透联系、突出重点的设计原则，极力创造和谐有序，层次丰富的空间感受。地块利用住宅平均布置的楼间空间布置功能丰富的景观节点，和入口景观组合成两大景观组团，使得景观富有层次，且具有均好性。景观节点采用铺地、草坪、树阵及自然园林穿插布置的方式，多样性的布置原则可为市民提供室外活动、休憩等多种空间使用要素。

立面形式：项目立面形式与周边其他住宅项目统一，考虑到与周围环境的结合以及城市界面的完整性，本项目采用现代建筑风格。住宅建筑立面延续了传统住宅建筑的三段式，底层为米白色涂料效果，增强底部厚重感，中部为米白色涂料效果加亚光黑铁艺栏杆或锌钢组合式栏杆，与基地附近建筑颜色相近，保持城市视觉序列的完整。建筑风格整体沉稳大气，通过设计手法使用相对低的造价，实现高雅的格调。

经济技术指标：

建设用地面积：56897.96m²
总建筑面积：154983.55m²
地上建筑面积：113795.1m²
地下建筑面积：41188.45m²

主要技术创新点：

1. 超大入口顶棚，现代简约大气，强调通道的品质感。
2. 装配式住宅建筑，为国家大力提倡的新型建筑工业化技术。
3. BIM技术运用，将BIM技术应用于预制混凝土构件的设计、生产和安装全过程，能够有效提高总体效率。
4. 节约能源，优化围护结构设计，充分利用可再生太阳能项目，南向外窗内置遮阳百叶，有效改善室内热环境，降低室内热负荷。同时安装太阳能热水系统，解决居民生活热水需求。
5. 节约用水，推进海绵城市建设，合理设置雨水生态措施。海绵城市，通过采用透水铺装、绿色雨水生态措施以及雨水回用系统等措施，降低年雨水外排量，达到场地年径流总量控制率80%的控制目标。
6. 设置雨水回用系统，收集屋面及地面雨水，经过处理后的雨水用于绿地浇洒和路面冲洗。绿化浇洒采用微喷灌节水技术，增强土地的水分。室外设置雨水花园，补充地下水，调节径流和滞洪以及削减径流污染物。

[4]

卓越蔚蓝铂樾府

开发单位：深圳卓越谭屋围城市更新投资有限公司

主创人员：董建辉、宋芸芸、黄杰文、曾焕辉、梁穗轩

设计时间：2013—2020 年

建成时间：2023 年

项目地点：广东深圳

项目阶段：在建项目

项目类别：住宅

[1] 门楼效果图
[2] 销售厅效果图
[3] 效果图 1
[4] 鸟瞰图
[5] 效果图 2
[6] 水院风雨连廊效果图

项目简介：

项目建设用地位于广东省深圳市大鹏新区葵涌街道，南临金葵东路，东临高源中路。属于城市更新项目。项目用地 56208.53m^2，东西长约 261m，南北向约 295m。场地高差较大，北高南低，形成四个台地，北部台地比南部台地高差超过 5m。

卓越蔚蓝铂樾府项目是一个大型的住宅项目，项目总体构想是将该区建成为一个高品质的城市住宅区，并与当地的自然环境和城市景观相协调。产品以高层住宅为主，配备部分商业及配套公共服务设施。空间布局中尽可能多地提供开放空间，并保持城市形象的和谐统一。

[1]

[2]

[3]

[4]

设计说明：

本案位于广东省深圳市大鹏片区，靠山近海，公园环绕，空气质量绝佳，森林覆盖率高，良好的自然资源条件为打造生态自然的人居空间提供了扎实的环境基础。

景观以城市森林花园为题，以打造最具活力的自然人居空间为愿景，期望自然环境与人居空间可以和谐共生，使居住者感受到森林之中的静谧时光，享受森林风景中的慢生活。

全区室外共分为两大主题板块：森林童梦板块与花园康养板块，室内架空层活动空间。其中森林童梦板块包括以兔子先生为形象 IP 的森林探险之旅为主题串联整个板块，包含引导性商业入口的幻之草原，地毯式铺装广场结合水面的梦之山谷，科技互动结合休憩的光之森林，在静谧水面与长廊下社交休憩的水上森林，在开阔明亮的草坪上进行活动的风之丘陵，最后天外来客大型儿童活动场地的星之森林。花园康养板块以康养运动为主题，以一条超长的跑道串联整个板块，包含运动健身的律动花园，植物种植的生态花园，共享会客的睦邻花园，户外泳池的水上花园，老年活动的康邻花园，宠物训练的萌宠花园。室内架空层分为成人运动健身、儿童娱乐互动、老年大学、棋牌休憩等多种空间并与室外临近空间进行联动，使活动的乐趣不仅仅局限在室外。由此打造一个生态康养，时尚运动的现代公园社区。

经济技术指标：

建设用地：56208.53m^2

总建筑面积：313992.04m^2

地上计算容积率面积：231341.85m^2

地下室建筑面积：82650.19m^2

景观面积：约 50000m^2

容积率：3.99

覆盖率：22.23%

建筑高度：100m

绿化覆盖率：35%

主要技术创新点：

1. 天外来客大型的儿童活动场地，场地功能完备，设有母婴室、卫生间、种植园、大型娱乐设施，科技互动装置等，使活动空间立体生长，更加具有趣味性。
2. 全区设有风雨连廊，连接各栋架空层。
3. 户外泳池，依托架空层设有盥洗室，更衣室等并与之进行联动，做到室内外活动功能的交融。
4. 健身运动空间依托消防道路设置的超长的室外跑道。羽毛球场地、乒乓球场地、篮球场地、老年健身广场等运动空间悬挂在跑道周边，做到充满活力与健康的生活之环。
5. 超大的宅间活动场地，公园式风景流动草坪空间，草坪的一侧设有栈道，丰富竖向空间，与之相对一侧设有景观泛会所，与之进行视线上的相互呼应。
6. 全区建筑底部配有架空层活动空间，解决不良天气时室外活动的局限性，同时与周边活动场地进行联动，做到处处有生活。

[5]

[6]

新城温岭云樾观岭

开发单位：新城集团
设计单位：上海海意建筑设计有限公司
主创人员：江海滨、屠宗忠、向孟鹏、刘强、张荣超、戴颖、米五月、付波、潘毛杰
设计时间：2019 年
建成时间：2020 年 7 月
项目地点：浙江省台州市温岭市五洋路与城西大道交叉口西号
项目阶段：在建项目
项目规模：376573m^2
项目类别：住宅

[1] 实景图 1
[2] 实景图 2
[3] 鸟瞰图
[4] 效果图
[5] 实景图 3
[6] 实景图 4

[1]

[2]

项目简介：

本案坐落于城西大道西侧和碗头山东侧间，本案整体打造成中式风格，来契合地块属性。规划通过东西向空间的营造，打造多重空间，强调空间的层级递进，打造中式的居住体验，空间布局古法对称，彰显尊贵；规划通过中式园林景观布局，打造多重主题院落及中心水景，可享生态园林之美，同时可远观基地外山景做到内外兼修，形成整体景观层次丰富的生态宜居小区。住宅建筑立面提取中式建筑精髓，整体打造经典三段式，屋顶设计成重檐结构，立面采用皇家米色和咖啡色为基调，形成中式建筑特征。本方案通过空间规划、营宅、冶园，形成礼序、传承、生态三大理念，打造未来城市核心，品质大盘。

设计说明：

项目打造七大层级空间——社区前场、社区门厅、社区空间、组团空间、邻里空间、宅前空间、单元门厅；空间主次分明，尺度合理；同时打造一横两纵空间轴线，一横为东西向贯穿小区的主景观及视线轴线，一进小区近可观院内景色 ，远可眺碗头山景色，两纵为南北两入口行进礼仪轴线，体现中式布局特点，彰显尊贵；同时小区整体对称布局，空间分布均匀，形成多栋楼王。以温岭延续千年的海洋文化为源，融中式气质于其中，打造一种荣耀尊贵的礼序格调，传承中式文化底蕴，满足客户高品质生活，打造中式意境文化审美景观。

[5]

[6]

[3]

[4]

小区的人行主出入口设置在地块的东侧，次出入口设置在地块南侧及北侧，出入口与小区中央景观带相结合形成贯穿小区的步行走廊。

地下机动车出入口设置南北小区出入口处，方便机动车出入；地面机动车设置于小区北侧和东侧，实现人车分流。

房型设计整体注重功能的合理性；客厅、餐厅南北相通，既空间宽敞，又有利于采光通风；厨房及餐厅较宽敞明亮；卫生间面积合理，配置齐全；同时玄关处空间足够摆放鞋柜及换鞋使用；各户型（98 户型除外）均设置双面宽南阳台，南向卧室无阳台处均赠送飘窗。

各单元设置双大堂入户形式，设置有一层入户大堂和地下室入户大堂，方便居民进出；各标准层单元电梯厅均设置为明电梯厅，其中 143 户型和 170 户型设置为独门独梯入户形式。

住宅立面设计通过对屋顶、墙面、门窗的不同材质组合，裙房为高档石材，主墙面为多彩漆，形成多样统一的具有古典气息的中式建筑风格。

经济技术指标：

总建筑面积为 376573m^2，其中计算容积率建筑面积为 285922.5m^2，容积率为 2.5。本次设计所涉及的内容 21 栋 27 层住宅，2 栋 25 层住宅，1 栋 20 层住宅，1 栋 2 层配套、一栋 9 班幼儿园和 2 栋 1 层的商业和地下汽车库。

扬州佳源世纪天城

开发单位：佳源集团
设计单位：上海海意建筑设计有限公司
主创人员：江海滨、朱政、米跃华、王凯华、冉献溪、赵智彪、陈谢宇、胡逸舟、万靖、石俊豪、耿洪祥、李高雄、曾紫昀、孟飘
设计时间：2017 年
建成时间：2018 年 12 月
项目地点：江苏省扬州市江都区文昌东路 369 号
项目阶段：建成项目
项目规模：282819.9m^2
项目类别：商业

项目简介：

项目位于扬州市江都区，北临文昌东路。项目由大型购物中心和特色的多主题室外商业街以及一栋近百米的高层办公楼组成。定位为当时扬州江都区第一大的商业广场加室外商业街综合型商业项目，辐射整个扬州市，并且把超大面积低密度 LED 幕墙体系首次引入扬州，建筑立面几乎是一整块水波型的 LED 幕墙，已开业成为了当时扬州的网红商业广场。

成为江都区的城市名片。力争打造扬州市一个集多主题于一身，在扬州市独具特色的一站式体验消费综合体。新综合体将做到业态与建筑融合，体验与空间融合，文化与景观融合。

[1] 实景图 1
[2] 鸟瞰图
[3] 实景图 2
[4] 效果图 1
[5] 效果图 2

[1]

[2]

[4]

[3]

[5]

设计说明：

项目的整体空间结构可以概括为“一环，两轴，双心”。

一环：街区商业内环步行街，自成一环，人流达到机会均等，动线方向明确，到达性高。

两轴：东西向商业空间主轴，与东侧金鹰商业的东西空间轴线相衔接，进一步完善了城市商业的步行空间，提升商业氛围，增加区域商业价值。南北向商业轴线，是位于地块中间，由北穿过大商业 MALL，向南穿过南面商业外街，正对 D 地块住宅区空间南北主轴，既丰富商业街区空间，又完善 CD 地块城市空间轴线。

双心：是商业线形街空间的有力补充，项目在商业东西向主街与环形内街相交的节点处，一东一西设置了两个大型室外中庭广场，作为商业活动的主要场地，作为室内外商业相互沟通的中心节点，作为街区商业主题体验的主要载体，起到汇聚人流，创造活力，打造品牌，传播主题的作用。是项目的空间标志。

商业立面设计上考虑扬州的城市特色——江南水乡，园林城市。考虑江都区的发展地位——城市标兵，现代活力。最终采用了时下流行的现代风格，采用了参数化设计和尖端 3D 打印技术，打造一个具有飘逸的抽象形态的商业综合体。整个建筑浑然天成，律动有致，以奔放的曲线造型，贯穿始终。建筑的曲线造型一条天河穿梭于建筑之中，建筑主体本身采用了内衬 LED 发光灯的通透玻璃幕墙，在夜晚来临之时，数千盏 LED 小灯瞬间点亮建筑主体，犹如璀璨银河，波光湖面，通体晶莹。整个建筑造型前卫，具有浓厚的时代气息和科技感。整体项目均采用了合格的绿建材料，住区配置了太阳能热水系统，景观场地水土保持措施按照省市相应标准保质保量完成。

经济技术指标：

总建筑面积为 282819.9m^2，其中计算容积率建筑面积为 191236.6m^2，容积率为 2.3。

主要技术创新点：

整体项目均采用了合格的绿建材料，住区配置了太阳能热水系统，景观场地水土保持措施按照省市相应标准保质保量完成。

建邦 · 国宸府

开发单位：上海北建置业有限责任公司
设计单位：上海城乡建筑设计院有限公司
主创人员：兰开锋、陈肖锋、王煊、陈松、闫晓辉
设计时间：2017 年
建成时间：2020 年 3 月
项目地点：上海金山
项目阶段：建成项目
项目规模：177866.26m²
项目类别：住宅

[1] 鸟瞰图
[2] 示范区实景图 1
[3] 示范区实景图 2
[4] 实景图 1
[5] 实景图 2
[6] 实景图 3
[7] 实景图 4

[1]

[2]

[3]

项目简介：

项目位置处于上海市金山新城片区，交通便利，产业人群基数丰富，可快速对接市区，周边两公里覆盖成熟配套设施。

项目地形形状呈 L 形，沿街面长度空间有限，通过总体极致把控，最大化留出示范区空间，保证沿街面与小区内部的通达性。使用连续的城市展示面改善与提高城市沿街风貌，充分考虑城市肌理并呼应城市道路进行建筑布局，致力于上海城市肌理融合共生。

项目为滨海系住宅产品，由高层住宅和叠加别墅构成。高层区采用中心共享大绿地，多层区采用组团分层模式，增加居民的绿化享有率，增强邻里之间的沟通交流。整体布局南低北高，排布有序，配以城市景观河道与生态绿化，极力展现人与自然的亲密关系。

示范区在极为有限的空间中营造中式院落的现代演绎。方寸之间，自有天地。天光、云影、远山、跌水在庭院之中交错徘徊。建筑形式语言和地域文脉结合，通过中式空间的串联，将当地海滨风情与现代建筑完美结合，石材与玻璃的虚实穿插，展现城市的传承与更新。

项目规划整体强调序列和节奏，城市界面由南向北由低向高，起伏如山势，配以小河流水与生态绿化，极力展现人与自然的亲密关系，并致力于为住户提供一种禅意人居的慢生活。

项目为滨海系住宅产品，由高层住宅和叠加别墅构成，以“让居住回归生活本源”为核心理念，打造金山人文品质住宅。

设计说明：

本项目规划设计的宗旨是创造人、建筑与自然环境的和谐共生。在小区规划设计上强调环境和建筑的融合统一，打造一个尊崇无限的生活社区，强调社区与人的互动关系，强调小区业主进出的视觉体验，规划出优雅的社区环境，让每幢住宅都成为绿色景观的一部分。在规划设计中遵循以下原则：

1. 充分尊重和利用原有的自然环境元素，尽可能地利用基地及周边景观元素，以此营造生态型社区；

2. 尽可能地拓展住区内部的景观环境空间，使其向各个居住组团延伸并与周边环境资源有机融合；

3. 平面布局注重居住建筑的组团围合效果和空间景观的差异性，通过密度和形态的变化创造出丰富的社区空间；

4. 建筑类型和单体设计注重为客户提供最适当的选择，这既包含适宜的建筑品种和户型，也包含富有特点的外观造型

设计；

5. 充分考虑社区的配套建设，在小区内设置完备、合理、实用的各类公建设施，并提供完善、便利的社区生活服务。

规划利用依托社区道路骨架和不同的组团景观资源特点合理布置不同的商品房以及保障房房型。同时，考虑到本项目的特殊性质，未来居住在社区内的居民会有大量的老人与儿童，人们更需要一个集中式的大型活动绿化场地，因此，在本次方案设计中，着重通过规划社区中央以及入口处大景观，把各建筑单元进行灵活多变的总体布局，使得所有的社区居民都能很好地享受大景观环境。

经济技术指标：

住宅地块建设用地面积：61922.80m^2

总建筑面积：177866.26m^2

地上计算容积率建筑面积：123845.60m^2

地上不计算容积率建筑面积：7433.80m^2

地下建筑面积：46586.86m^2

住宅套数：1362 套（商品房 692 套；动迁房 587 套；共有产权房 83 套。小户型面积比例≥ 60%，计 74307.36m^2 以上）

容积率：2.00

建筑密度：28.00%

绿地率：35.00%

机动车停放总数：1472 辆

非机动停车：1238 辆

主要技术创新点：

1. 项目地形形状呈 L 形，沿街面长度空间有限，设计师通过总体极致把控，最大化留出示范区空间，保证沿街面与小区内部的通达性。

2. 项目在有限的展示空间设计中，借鉴中式园林景观递进和步移景异的设计手法，创造出丰富的空间感受。通过迎宾—见山—入庭—掠影—观谷等多重院落营造滨海中式氛围。

3. 地处亚热带季风气候区，由于降水丰富，选择坡屋顶构造，雨水排放更加高效，减少雨雪压力。

4. 住宅开窗面积较大，利于通风散热，以适应地处亚热带季风气候的潮湿天气。同时提供大面积的观景视野，景观资源最大化利用。

5. 较大的面宽，更小的进深，可全房间通风采光，更有利于空气的流通，更舒适宜居。

6. 立面简洁干净并融入现代中式建筑元素，打造具有显著地域特征的海滨建筑风格。

[4]

[6]

[5]

[7]

世茂 · 云图示范区

开发单位： 镇江茂星置业有限公司

设计单位： 上海城乡建筑设计院有限公司

主创人员： 兰开锋、刘林波、尹山波、姜胜、毛敏、吕林伟、朱玉洁

设计时间： 2019 年 7 月

建成时间： 2020 年 1 月

项目地点： 江苏镇江

项目阶段： 建成项目

项目规模： 总建筑面积为 1397.62m^2

项目类别： 商业

［1］实景图 1
［2］实景图 2
［3］规划总平面图
［4］实景图 3

[1]

[2]

[3]

[4]

项目简介：

世茂·云图示范区项目位于江苏省镇江市润州区，由镇江茂星置业有限公司开发，上海城乡建筑设计院有限公司设计。示范区占地面积约 700m^2，总建筑面积为 1397.62m^2，共有两层，一层为售楼大厅，包含接待台、沙盘展示区、洽谈区、家装工坊、儿童活动区、认购签约区、VIP 区、财务室、卫生间及休息区，二层为办公区域，包含经理室、会议室、餐厅、卫生间及休息室。

设计时考虑到示范区作为整个住宅小区楼盘的重要组成部分，其作为销售场所的同时，更应该体现出房地产商的品位以及区域整体的人文环境，于是将其定位为售楼与休闲两用场所，不但注重现代与传统元素结合的设计手法，同时注重精美的细部与场景设计，无论是内部还是外部空间，都以独特的方式展示“动”与“静”，“声”与“色”的有机结合。

外立面设计上，一层主要朝向的三个立面采用落地玻璃幕墙，使内外环境自然过渡，相互融合，二层则在主要朝向立面上整体采用穿孔铝板拼贴，提升外立面的整体质感与轻盈度。

设计说明：

结合周边区域的城市空间布局，将示范区设置在基地的西北角，又结合规划对城市空间形态的控制要求，将其与北侧的三里岗路平行布置。

为了实现传统与现代元素的有机融合，在世茂·云图示范区的场景与建筑设计上都进行了一番推敲——立面以抽象手法表现镇江的传统建筑风格，通过现代材料结合传统弧线塑造建筑的二层体量，使整个屋面呈现出起翘舒展的曲线轮廓，顶部的弧面具有一定角度，使其在建筑不同距离范围内呈现不同的视觉效果，以弧线与弧面的转换形成步移景异的效果；入口广场的参观流线采用传统景观的处理手法进行串联，利用景墙与跌水加深视觉层次，营造朦胧感，以对称的中轴步道连接场地内外，两侧的静水面视觉上扩大场地，提升仪式感。建筑首层立面采用玻璃幕墙，将室内外空间无缝衔接，室外的绿植与水幕延伸至室内，同时室内温馨时尚的售楼空间也投射到城市空间当中，体现出包容性与现代感；二层立面采用穿孔板材料，通过孔洞的大小变化结合背面灯光的辅助效果，绘制出代表世茂建筑的高低起伏的城市天际线。

此外，通过情景雕塑等细节设计，促进建筑、场地同自然、城市间的和谐对话。

经济技术指标：

用地面积：3650.50m^2

总建筑面积：1397.62m^2

容积率：0.38

建筑密度：19.2%

绿化率：35%

主要技术创新点：

建筑立面采用模数制的穿孔铝板，通过横向与竖向的分缝将二层体量立面划分成一个个小模块，整体共设置孔洞直径为 20mm、40mm、50mm、60mm 的四种模块以及直径由 30mm 渐变为 8mm 的一种模块，五种模块通过排列组合，形成体现世茂建筑剪影的二层立面造型，搭配隐藏于铝板背面的灯光带，勾勒出起伏的城市天际线。

正峰文化广场

开发单位：上海乾玺实业有限公司
设计单位：上海城乡建筑设计院有限公司
主创人员：兰开锋、张建新、杨韵俊、殷俊清、严莹、邓云亮、胡习君
设计时间：2019 年 7 月
建成时间：未建成
项目地点：上海市闵行区
项目阶段：在建项目
项目规模：93499.52m^2
项目类别：文旅

[1] 鸟瞰图
[2] 效果图 1
[3] 效果图 2
[4] 效果图 3
[5] 效果图 4
[6] 效果图 5

项目简介：

本项目位上海市闵行区，秀文路南侧，七莘路西侧，建设用地面积 22260.8m^2。建设工程性质为公建文化用地，基地内设置 8 栋文化中心建筑，总建筑面积为 93499.52m^2，建筑 4 号、5 号、6 号、8 号楼为 3 层，建筑 7 号楼为 6 层，建筑 3 号楼为 10 层，建筑 1 号、2 号楼为 13 层，地下 2 层为地下汽车停车库。沿基地退界线围合设置 8 栋独立的建筑，沿七莘路秀文路设立三栋高层塔楼，两栋 13 层及 1 栋 10 层，均为文化研究中心，其中首层均为配套商业。基地南侧三栋 3 层小楼，为文化收藏中心及航天文创中心。基地西侧为 1 栋 6 层是市民文化中心，底层部分为公共服务设施。基地西北侧为 1 栋 3 层的文化体验中心。

设计说明：

设计目标是打造莘庄商务区极具吸引力的综合文化街区。把不同的功能空间高效、友好、开放地组织在一起，并提供综

[1]

[3]

[2]

[4]

合文化中心、开放商业街区、城市花园等，使来到文化园区的人们体验前所未有的便利。

沿七莘路秀文路设立三栋高层塔楼，是基地最醒目的沿街标志。底层为商业，其他均为文化中心，它将重新定义“文化与商业相结合”的概念，在七莘路秀文路路口设置人行入口广场，两栋 13 层高层之间设计了一个入口广场雨棚，给人们提供一个丰富多彩的互动休闲场所，该开放空间和建筑本身具有同等重要的意义。设计目的旨在实现和谐愉快的文化体验、娱乐与休闲。我们的设计致力于实现城市的开放性，达到身心合一的体验，功能组织简约，材料和系统的使用清晰明确，使空间和资源的利用得到优化。

为增强商业价值，裙楼以最大面积地朝向街道，大面积的玻璃凸显通透性，在适当位置配以横向金属条。文化中心延续了商业裙楼的风格——简约，大气，既风格整体化又通透采光。但在某些地方用相同的材质做了不同的变化。文化中心外立面采用横向玻璃幕墙，体现该项目的时尚感和品质感。采用近人尺度的细腻、精巧的处理手法，减轻了高层建筑对城市的压迫感，增强了街区的亲和力。立面设计确保与周边环境的协调融合，强调人情味与亲切感，演绎城市的繁华与美好。

经济技术指标：

用地面积：22260.8m^2

总建筑面积：93499.52m^2

地上计算容积率建筑面积：56010m^2

地上不计算容积率建筑面积：2646.55m^2

地下建筑面积：34842.97m^2

建筑占地面积：7714.14m^2

绿化面积：6678.240m^2（包含集中绿地 5%，其中地面绿化：5618.328m^2，屋顶绿化：1059.912m^2）

综合绿化率：30%（地面绿化率：25.24%，屋顶绿化率：4.76%）

容积率：2.516

覆盖率：34.65%

机动车停车位：525 个

非机动车停车位：1013 个

主要技术创新点：

设计目的旨在引入更多的自然光和景观，并尽可能地降低能耗。这两个因素之间的平衡对于实现高性能幕墙是至关重要的。这种结合了先进玻璃材料和智能幕墙概念的高性能幕墙，可顺应太阳的朝向，为住户带来舒适愉悦的体验，同时降低能耗。玻璃的选材也至关重要，需要达到恰当的水平可见光透过率、较低的向外反射率以及在夜晚降低向内的反射。国内主要的玻璃厂家均能根据设计师提供的图案进行生产，玻璃本身为6+6+6的构成。文化空间的幕墙单元宽度为 1.50m，裙楼和大堂的幕墙单元宽度为 3.00m。标准幕墙的窗墙比取决于规范的热工性能要求，且玻璃尺寸不得超过 4.5m^2。

坚持绿色建筑、生态建筑和节能建筑的理念。本方案平面布局上南北向布置，房间布局都有充足的自然采光通风。建材采用轻质新型隔墙材料，减少建筑重量及用料。四层屋顶花园，清新的绿色窗口成为立面的重要构成元素，植物绿化使得清凉的空气可以贯穿楼内空间，同时植物可以吸收室内废气和遮挡太阳折射光，创造一个富含氧气的工作场所。适量采用屋顶绿化、垂直绿化，有效增强建筑围护结构保温隔热性能，改善热岛效应，进而减少耗电量。

绿色建筑技术：本方案的设计中，我们通过建筑布局、建筑形体、遮阳表皮、太阳能的利用，降低运营能耗，营造舒适健康的空间环境，以达到绿色建筑标准。

[5]

[6]

保利心语花园

开发单位：陕西新天力置业有限公司
设计单位：成都基准方中建筑设计有限公司西安分公司
主创人员：张宏宇、吴磊、杨芙蓉、康先飞
设计时间：2016 年
建成时间：2018 年
项目地点：陕西省西安市未央区北辰大道与浐灞二路十字东北角
项目阶段：建成项目
项目类别：住宅

[1] 鸟瞰图
[2] 实景图 1
[3] 实景图 2
[4] 沿街效果图
[5] 街角效果图

项目简介：

保利心语花园，位于西安市重点打造的浐灞新区，地处灞河西侧，毗邻国家级浐灞生态区，有着充足的城市生态景观资源。

项目西侧紧临城市南北主干道北辰路，北侧依托东西主干道欧亚大道，可便捷到达连接城市各个方向的二环快速路和连接周边地区与机场的绕城高速。

区域享有中小学、大型超市、遗址公园等配套设施及环境，实现自然田园生活与繁华城市生活的完美对接，成为宜居生活的主场。

心语花园在规划概念上采用法式的中轴布局，以中轴线为界，分为洋房区和高层区，洋房区内，享有更安静私密的空间；高层沿路，拥有更开阔的视野日照和大片的公共景观。在中轴线公共空间，采用大块的园林分割，结合花坛装饰，彰显轴线的恢弘气势，在洋房私家院落，形成一个个围合小院和入户庭院为各户独自享用，体现私密与个性。

设计说明：

细致总图推敲

在设计之初进行了多方案的比选，通过多种设计手段大大提升了方案容积率。

1. 利用 135m 日照避让原则和对总图日照的细致严密分析。

2. 用地东南角布置办公楼，将容积率进一步提升。

3. 将洋房区地坪抬高，优化洋房日照，增加楼位提升容积率最终将原有 3.06 极限容积率提升至 3.45，大大

[1]

[2]

[3]

提升了货值，为定案奠定了务实的基础。

立面设计

保利·心语花园立面淋漓尽致地展现了新古典主义的特点，设计思路为以阳台、露台、空调机位等为主要构图元素，运用轴线对称韵律、秩序等设计手法形成一个稳重、大气的新古典建筑的立面。洋房上下露台错位，出挑尺度较大——2.4m，空调机位的放置等既是创作的限制因素也是有利条件。

景观设计

景观设计有三个原则，分别是全龄化的关怀、高品质的社区、舒适的内部体验。

在这三点原则之上，将小区按照高层区，洋房区及商业街区进行了三种景观分区。高层区以阳光、活动空间来定性，洋房区以安静、尊贵、私密性进行设计，商业街区以热闹、增加商业体验为出发点。

高层区景观结构按照一轴两园五组团的模式控制，其中，一轴为南北中央轴线，两园为西入口及南入口两处主入口的景观区，五大组团指的是打造高层之间庭院景观。

在高层与多层的交界景观大轴线上设计健身跑道、儿童活动场地、成年活动场地、老年人活动场地，按照年龄层次有秩序地打造适合各区段年龄人活动休闲的室外场所。

经济技术指标：

项目规划用地面积：14.8 万 m^2

地上计算容积率面积：50.7 万 m^2

总建筑面积：64.6 万 m^2

容积率：3.42

主要技术创新点：

1. 地下室采用无梁楼盖结构系统，有效提高了地下室顶部空间，增大实际使用净高。

2. 地下室局部设置采光天窗，节能的同时提高了地下室的使用舒适性。

3. 竖向设计住宅区高于市政道路 1.0~1.5m，洋房区域高于高层区域 1.2~1.5m。这样设计有如下优势。

整体抬高小区室外地坪，减少了地库土方的开挖量，大大降低了填挖方成本。

在洋房区域地下室层高局部变大，可设计成机械停车位，使得总体地下室，只需修建一层就能解决规定所需的停车要求，避免了修建局部二层地下室，大大降低了建造和填挖方成本。

洋房区地坪高于高层区，使得洋房产品对比高层产品拥有更多的阳光日照，获得更好的视野，享有更多的资源。

洋房与高层分区，体现了产品差异化，资源配置等级化。在直观感受上洋房整体通过“高高在上”这一突出的差异化体验，和高层拉开档次，给消费者物有所值的尊贵体验。

4. 户型设计

“全生命周期”是当下住宅设计市场热销的一大概念，它抓住的是消费者在不同阶段对住宅产品差异化的需求。对目标客户群的确具有很大的吸引力。

但在项目的实际操作和用户体验中，是否效果良好呢？以热销大盘，也是热炒“全生命周期”这一概念的万科东方传奇为例，我们得到的反馈是，由于梁位设计欠合理和改造困难，能让户型真正可变的用户极少。因此我们在这次的设计中总结万科的经验，在户型可变的实际操作难度和改变之后使用的方便程度上进行了周全的考虑和设计，致力于使之成为实际可行且方便实用的产品，而不仅仅是营销的噱头。

[4]

[5]

郑州永威上和郡·东韵

开发单位：河南伟业博郡置业有限公司
设计单位：深圳慎恩设计有限公司
主创人员：慎国民、宋传海
设计时间：2018 年 1 月
建成时间：2018 年 8 月
项目地点：河南郑州
项目阶段：建成项目
项目规模：230m^2
项目类别：住宅

[1] 客厅实景图 1
[2] 餐厅实景图
[3] 茶室实景图
[4] 主卧实景图
[5] 餐桌细节图
[6] 客厅实景图 2

[1]

[2]

项目简介：

永威上和郡·东雅，位处于底蕴深厚的古城郑州。这里滨河环绕，人杰地灵。慎恩设计团队以郑州千年的文化内涵来沉淀发散，将东方对宇宙星宿的敬畏融入现代设计，为居者呈现了一所开放共融的意境空间。

东雅坐落于东边的叠层户型，象征东方文化对宇宙大观的谦虚求索。设计摒弃了浮华的肌理装饰，吸收少即是多（Less is More）的建筑理念，以简洁的霜白和笔挺的线条铺陈构筑，空间上化繁为简，设计上张力叠加。

[3]

[4]

设计说明：

客厅错落有致的金色环形吊灯，菱形对称设计的蓝金砂大理石背景墙，软化了空间方正感，勾勒出视觉宣泄点。大幅落地窗为室内注入天光云影，同时又像一个极佳的自然取景框，不动声色定格昼夜之景。

以客餐厅为中心，中轴动线串联各功能区域，主次关系配合得当。木饰面格栅与大理石的衔接收边，以及墙面金边勾缝，处处印证对设计细节的出色把控。一眼望去，墨灰、茶棕、静白色错落有致，各有延伸，悄然营造出低调奢华氛围。

[5]

[6]

推门而入，茶室在眼前铺陈而开，素雅的格局，不由得把目光落到暮色的方正茶桌。白瓷、竹柄、枯山水，无一不满足对禅意的参透追求。枯山水的写意悠然亦是书写生活的淡然姿态。

在卧室的布局上，慎恩设计团队以自然元素贯穿点缀，呈现淡雅舒适的氛围，舍繁取简，赋予空间和谐的气质和温润的感受。

主卫，沿用灰色纹路大理石，通过合理的空间布局、比例拿捏与色彩把握，既满足了功能性需求，又在细节中透露出现代和人文基因。宽阔的浴室空间配备未来式电子唤醒镜面，白瓷浴缸的加入，配上悠然的音乐和芳香扑鼻的精油，带来顶级的舒缓享受。

时光与人文缓慢发酵，谱写出从容而舒适的空间旋律，构筑别具一格的现代家居体验。千头万绪，终不负诗情画意。茶具、文竹、案几、白瓷，这一事一物构筑了这一方空间里的幽清明净。

南溪遥

开发单位：四川省都江堰市蒲阳镇人民政府

设计单位：四川省大卫建筑设计有限公司

主创人员：刘卫兵、卢晓川、黄向春、李明、安柏庆

设计时间：2019 年

建成时间：2020 年 1 月

项目地点：都江堰市蒲阳镇南溪村

项目阶段：建成项目

项目规模：467.62m^2

项目类别：公建

[1] 透视图
[2] 半鸟瞰图
[3] 实景图 1
[4] 实景图 2

[1]

[2]

项目简介：

本项目地处四川省都江堰市蒲阳镇，这里是联合国世界文化遗产和世界自然遗产（四川大熊猫栖息地）。同时，这座自然村落属于川西林盘聚落，作为世界上稀有的乡愁文化载体，它承载蜀地延续数千年的文明。南溪村，位于中国道教发祥地——青城山山麓，山中流出的清澈南河水傍着茂林修竹中的山边农舍缓缓流入成都。村庄虽偏远，却具有深厚的历史人文积淀。

南溪遥，这座典型川西林盘的民居院落曾是议事、品茗、看露天电影的村民活动中心。伴随着城市化加速，这座老建筑因低矮、潮湿，缺乏舒适性而逐渐被遗弃，但原有的场址更是村民们共同的乡土社区记忆空间。设计尽可能保留原有历史场址记忆，借鉴传统被动节能设计策略，利用 IES 绿建软件分析其热舒适度，创造性地借鉴青城山凉亭、都江堰南桥和民居挑檐等传统空间，巧妙植入新增村民活动功能。在体现“天人合一，道法自然”本土哲学思想的同时，以创新重组后的简约当代空间重新服务于山村现代生活，应对历史文化遗产和社交生活不受重视的挑战。中心回归山乡，更好地融入了村民的日常生活，也给外来游客更亲切自然的川西林盘美学体验。

设计说明：

“拜水都江堰，问道青城山”是体现两千多年来因水而生的川西林盘文化以及“天人合一”朴素的审美取向。设计在充分吸取当地传统民居轻盈灵动的特质同时，特别以现有茂林修竹为背景，白色粉墙为主调，舒缓的黛青色的小青瓦坡顶和局部增设的深栗色的架空木廊，营造出川西特有的闲散飘逸的美学意趣。

[3]

[4]

设计尝试保留原建筑场址和典型凹形布置的农家院坝布局，通过整修和适度的改造，创新多样活动空间。运用传统被动节能设计策略，分析建筑热环境，更多发掘适合当地亚热带湿润气候的传统生活空间，如廊桥、院坝和檐廊等，创造出丰富的建筑空间体验——封闭、开敞和灰色地带。充分利用自然通风和阳光来营造宜人的微气候，并全部使用小青瓦、杉木和旧砖等当地材料，从而减少对环境和能源的压力。

经济技术指标：

用地面积：954.39m^2

总建筑面积：467.62m^2

容积率：0.49

最高层数：2

主要技术创新点：

传统川西林盘“天人合一、道法自然”之术与现代被动式建筑的理念都符合自然生态系统客观规律并与之和谐共生，本设计运用被动节能策略和 IES 绿建软件分析结合，充分利用自然通风和采光，低能耗地提升室内热舒适度和丰富的活动空间。

本设计所有建材就地取材。使用廉价的小青瓦、旧黏土砖和容易获取的杉木，并不做多余装饰仅刷白，正如当地谚语“好看不过素打扮”。建筑的所有可被环境吸收，在全生命周期内不会产生废弃物，不仅对环境无副作用，还能维持生态平衡。而且，建成后的运营不采用空调系统的被动策略对乡建的节能减排有极好的示范效应。因此，虽然设计未采用新材料，但从全生命周期重新认识传统被动节能策略的环境友好特质并加以创造性地运用，本身就具创新性。

北滘文化中心 —— 中国佛山

开发单位：佛山市顺德区北滘镇人民政府
设计单位：嘉柏建筑师事务所有限公司
主创人员：余啸峰、王克江、汪皓、黄家豪
设计时间：2008 年
项目阶段：建成项目
项目类别：公建

[1] 活动中心露天廊道实景图
[2] 展览厅实景图
[3] 剧院室内实景图
[4] 图书馆实景图
[5] 活动中心廊道实景图

项目简介：

作为一个农村小城镇，通过多年发展，北滘成为一个繁荣的现代城市，是原料分销及电器生产的中心。随着城市的发展，镇政府锐意改善文化设施，为市民及公益性文化机构提供场地设施。北滘文化中心位于佛山市北滘镇中心区，地势平坦。东侧为中心文化广场，南侧与占地超过 120000m^2 的公园隔街相望，西侧一路之隔为“水文化街”特色商业区，北侧广场北二路旁为行政服务中心和派出所。东临广场西路，南临广场南二路，西临广场西二路，北侧为公建预留地。北滘文化中心启用之后，广为市民享用。

设计说明：

设计概念

本项目的重点为探讨本土建筑和怎样在全球化时代承载其价

[1]

[2]

[4]

[3]

[5]

值，把其精粹重新阐释在现代城市中。而且，对于身处忙碌的城市生活中的人们来说参加文化活动看起来总是难以企及，在此设计中亦优先考虑把文化活动渗透入日常活动的可能性。因此，本土性成为设计的重点概念，透过以下角度去考量建筑设计：

连接：考虑建筑作为连接城市的空间肌理，不是模仿现有城市的空间或建筑体块，而是空间性、功能和人流的连接。

地貌：通过与北滘历史区传统空间的对话，建立一个适合于其地域的空间体验和背景氛围。

素材：探讨如何用现代的方式重新应用当地的材料和工艺。

气候：针对当地气候和借用传统气候控制的智慧。

总体规划

建筑规划上打开场地的边界，与城市公共空间相连，让市民能从多方向进入，打破一般文化建筑的封闭感。建筑群围合出中央广场供户外表演和休憩，让人们不经意地接触到多元的文化信息。传统乡土小镇的广场、庭院、街道和小巷被现代手法重新演绎在公共空间中，做到现代与传统并存。

平面布局设计主要以“本土特色”及“多元文化”为设计依据。建筑物以组团形式组织丰富的空间层次，广场、院落、宽街、窄巷以其特有的比例和尺度带给人“本土特色”的空间感受。不同尺度的街巷、广场，与周围空间的相互渗透，使市民能从许多方向进入文化中心，打破一般文化建筑对外的封闭感；本案中共四栋单体，建筑尺度宜人，使人觉得亲切而无压迫感，可以更好地贴近建筑、融入建筑。整个建筑群主色调为青灰色，给人以清新雅致、安详舒适感，而局部的亮色则为建筑带来生机与活力。

经济技术指标：

项目地块规划用地：20138m^2

容积率：0.66

计算容积率总建筑面积：13296m^2

地下室：1.3 万 m^2

主要技术创新点：

建筑的设计具有可渗透和开放的建筑语言。露天的廊道被用来连接和浸润每一栋建筑，引入自然光线，加强自然通风，同时维持虚和实的错落有序性。大小不一的绿色空间与建筑群紧扣，把大自然引入活动空间。建筑体量注重与人们尺度的关系，体现以人为本的精神。多孔的砖墙更加提升了建筑和空间的透明感。青砖黛瓦、镂空窗花通过现代的手法重新演绎，更进一步彰显出北滘的地区特征。

唐山鸿坤 · 理想城

开发单位：鸿坤集团北京公司
设计单位：SUNLAY 三磊
主创人员：刘芳、宋亚民、向兴政、刘大林、梁丽娟
设计时间：2019 年 10 月
建成时间：2020 年 5 月
项目地点：河北 唐山
项目阶段：建成项目、在建项目
项目规模：47 万 m^2
项目类别：住宅

项目简介：

鸿坤·理想城项目位于唐山市丰南区西部的新城区。交通便利，可达性高，教育医疗资源丰富。自然环境的显著优势，激发着未来城市的无限潜力。为创造城市人居的新模式，规划设计修改 16 次，小改不计其数，最终呈现出理想生活的模样。

设计说明：

项目规划从中国四合院的空间中追寻礼序与围合。建筑中间低四周高，南边低北边高，形成“太师椅”的围合布局。皇家的礼序空间与市井的围合小院结合，大有开，小有合，空间围合有序，变化丰富。引入 PARK PRO 公园式社区，五重庭院打造全龄运动健康社区。社区北侧配置儿童活动空间，同时配备老年人健身场地。

小区建筑由低层和小高层、高层组成。洋房布置于中间，由南到北逐渐抬高。最北侧布置高层建筑，空间平稳。东西两侧布置小高层建筑，与商业、配套相结合，组成空间围合。小区中间位置设置小区主要形象入口，成为小区中心，形成“多心多组串生活，两带一轴绘家园”的规划场景。

[1] 鸟瞰效果图
[2] 东侧沿街商业
[3] 示范区大门
[4] 示范区庭院 1
[5] 示范区庭院 2
[6] 南侧沿街商业
[7] 示范区庭院 3

[1]

[2]

[3]

示范区设计在自然形式美之中融入中国传统建筑文化与现代建筑的新定义，在城市中画出一方私院，却又不着痕迹，与自然亲和、平等，融为一体。

建筑与庭院相得益彰，通透的玻璃幕墙、竖向连续的白色石柱与横向出挑的深色屋檐结合，形成富有仪式感的空间界面。玻璃映出绿树与山石流水，让建筑汲取了自然的灵性，营造出人与自然的对话空间。材质以米白色石材为主，辅以深灰色铝板，不同质感的材质充满着节奏感。

室内的二层通高空间，装点着如银河般繁星点点的灯光，诠释了“海纳百川，有容乃大”的精神品格。

[6]

[7]

小高层澜境

南向景观阔厅，三居与两居自由切换，建筑面积约 100m^2，独立餐厅与开敞厨房完美结合。南向主卧，北向儿童房，空间互动；中间卫生间设计，方便生活。

洋房揽晖

多变四居，建筑面积约 132m^2。南向景观客厅，尽享庭前花开花落；设置阔享厨房、独立餐厅，及独立入口玄关。阳光主卧套间，步入式衣帽间，奢华四件套卫生间，南向阳光老人房，便利生活，尽享人生。

[4]

[5]

经济技术指标：

项目规模：47 万 m^2

示范区规模：1263m^2

容积率：2.60

建筑密度：23.78%

绿化率：35.01%

户数：3205

停车位：3443 个

主要技术创新点：

1. 高层多层产品点板结合排布，实现花园式社区景观系统，深度融入鸿坤理想系“5+1”景观系统，打造“PAKE PRO”公园式健康运动社区。
2. 立面精细化选材，细分层级选材料，实现外立面的经济美观。
3. 混合地块商业底商化，结合商业平面的创新设计，实现项目商业住宅共赢。

万华海口江东麓岛

开发单位：成都万华投资集团有限公司

设计单位：Brearley Architects&Urbanists、Openbox Architects、Höweler and Yoon Architecture、EKAR Architects、RSAA 事务所、山水比德、ENJOYDESIGN 燕语堂、肆零工作室、Tierra Design、奥雅设计

主创人员：Nui Ratiwat Suwannatrai、PRANG Wannaporn Suwanntrai、Jens Eberhardt、Eric Howeler、Ekaphap Duangkaew、庄子玉

设计时间：2019 年

建成时间：2024 年

项目地点：海南省海口市江东新区

项目阶段：在建项目

项目规模：318 亩

项目类别：住宅

[1] 内景透视图
[2] 高层透视图 1
[3] 高层透视图 2
[4] 鸟瞰图
[5] 高层透视图 3
[6] 公寓透视图

[1]

[2]

[3]

[4]

[5]

[6]

项目简介：

在海南全面开放，建设中国特色自由贸易港的政策背景下，产业聚集高地，国际度假目的地，全球精英人才凝聚地，国际金融岛等逐步成为城市未来发展目标，城市社区建设需要新路径、新概念，海口江东新区国际社区在此背景下，在麓湖生态城项目的基础上，打造海口国际化社区，建设高品质生活引领地，是以生态为基，以人为本的未来社区发展实践点，以国际化的视野与品质标准，打造与人友好的居住环境，引领国际化的生活方式。

项目位于海口市江东新区核心区域，距离江东新区 CBD 片区东边约 3km，紧邻江东大道北侧，毗邻哈罗公学，目前已取得住宅用地 212001m^2，容积率 1.7，总建筑面积 363000m^2，其中可售住宅面积约 354000m^2，永久自持商业约 9000m^2。项目整体开发年限约 5 年。

设计说明：

在各个板块中，我们采用了与麓湖合作过的最优秀的设计师资源，邀请了包括 TierraDesign、Brearley Architects& Urbanists、Openbox Architects、Höweler and Yoon Architecture、EKAR Architects、RSAA 事务所、山水比德、ENJOYDESIGN 燕语堂、肆零工作室等多家国内外著名事务所参与设计，将国际化的居住理念在江东新区实现。在项目整体塑造上，以洲岛式布局为核心，北高南低的整体规划形态，实现了建筑立体交通、空中花园等先锋概念；在建筑设计中，因地制宜，融入当地民族元素，体现了建筑的在地性；项目以“活力回环”及“珍珠链”的模式对社区中心的功能进行散点预先布置，更好地服务业主。在住宅功能配置的打造中，将立面绿化、遮阳系统、太阳能系统、共享空间、社群配套、架空层空间在住宅中进行整合，衍生出在海口模式下的独特住宅开发体系（热带度假公寓 2.0 版）。同时期在海口政府对临街形象的高要求下，方案团队再做突破，引入 FOS、EKAR（泰国）等创意型设计师，经过不断的尝试，在地块端头地标建筑中加入了立体交通空间及屋顶花园的概念；项目周边拥有丰富的配套资源，打造了以艺术馆为核心，创造自然生态与艺术科教为一体的全民共享公园，开放设计及环形步道系统的打造，将麓湖协作式社区带入江东麓岛项目，重视社群发展与社区管理，激发社区交往与国际化生活方式的引领。

北京大兴采育路劲御合院

开发单位：路劲地产集团北京公司
设计单位：北京云翔建筑设计有限公司
主创人员：邵国栋、朱鹏飞、牛蕊蕊、卢培月、侯福业、高燕飞、杨璞、王凯
设计时间：2021 年 5 月
建成时间：2021 年 12 月
项目地点：北京大兴采育
项目阶段：在建项目
项目类别：住宅

项目简介：

项目位于北京东南板块，行政区域隶属于大兴区采育镇，地处亦庄新城、北京新机场和城市副中心三大经济板块腹心之地，是连接首都机场与新机场的核心纽带，距北京行政副中心和新机场约 25km，距亦庄核心区约 20km，是北京东部发展带的重要产业基地，西北为亦庄核心区，南部是廊坊经济技术开发区和东方大学城，是京津冀城镇产业密集带的重要组成部分。

设计说明：

本项目设计风格为新中式建筑，现代典雅风格，传承“精致”和“品味”功能主力，造型简洁、庄重典雅，彰显“贵族气质”。主体采用对称三段式设计，色彩以暖色调为主，突出现代高雅的风范。整体空间布局享有超大楼间距，4 层高的别墅最小的楼间距 18m 宽，让您无论居住在几层都能够享受充足的阳光，社区内 90% 住户大寒日日照在 4h 以上，超时长日照，静享温暖阳光，社区总体布局轴线对称，传承中国传统家族礼制，园区规划遵循中国传统儒家礼制，中轴对称、前朝后寝、左祖右社，三重空间洗礼，层层递进，由小及大，尽享尊贵的归家仪式感，从社区大门到您入户享有尊贵的五重归家礼序。

[1] 售楼处效果图
[2] 鸟瞰图
[3] 示范区景观图
[4] 景观效果图
[5] 合院效果图
[6] 儿童区景观效果图 1
[7] 儿童区景观效果图 2

[1]

经济技术指标：

用地面积：71097.05m^2

建筑面积：147964.29m^2

容积率：1.05

计算容积率面积：74651.90m^2

户数：612

地下室面积：73312.39m^2

建筑密度：30%

住宅面积：73940.30m^2

绿地率：30%

机动车位数：共 801 个

非机动车位数：共 1224 个

主要技术创新点：

建筑设计整体采用的是新中式、现代风格。遵循中国古代规模最为宏伟壮观的宫廷模板建造，具有现代典雅风格，硬装追求大块面的材质对比关系，配合细致的趣味细节，软装注重品质，色彩沉稳中加以局部跳色处理，注重艺术化的打造，打造功能与艺术性的完美结合。

在立面设计上，采用经典的横竖穿插式虚实对比，屋顶檐口拼接，突出建筑古朴又不失婉约的气质。立面材质主要采用米黄色仿石涂料和咖色仿金属涂料，局部采用金属成品构件。主力产品为叠拼院墅。采用经典三段式体量，结合中式起源的古典细节，营造精致奢华的气质，简洁的竖线条大框架结合丰富的线脚细节，由繁至简，精工细琢。

[2]

[3]

[4]

[5]

[6]

[7]

武汉绿地光谷中心城 JKL 地块项目

开发单位：绿地集团华中房地产事业部
设计单位：上海鼎实建筑设计有限公司
主创人员：何海洋、李帆、赵子昊、王智博
设计时间：2017—2018 年
建成时间：2021 年 12 月
项目地点：武汉市东湖新技术产业开发区光谷
项目规模：用地面积：34913m^2
建筑面积：294216m^2
项目类别：公建、商业

[1] 人视图 1
[2] 大鸟瞰图
[3] 半鸟瞰图
[4] 人视图 2
[5] 人视图 3

项目简介：

武汉位于东西交汇，南北交融之处。在城市的不断发展中，武汉逐渐形成多中心的城市格局。东湖高新自主示范区是国家批准的三大自主创新区之一，是定位服务中部，辐射全国，面向世界的国际化商务城区。光谷中心城位于东湖高新区中部，未来光谷核心功能区。

设计说明：

武汉新高兴谷置业有限公司开发建设的绿地光谷中心城 JKL 地块项目位于光谷五路以西，神墩三路以北，雨华路以东，揽月路以南，项目净用地面积为 34947m^2，规划用地性质为商务用地、商业用地。
该项目规划（建筑）方案设计理念：本项目围绕两个轴线、空间围合、四个主题中心广场、二层立体商业展开，形成休闲、轻奢、立体绿化的商业氛围和多

[1]

样的办公空间，拥有立体交通体系、地下商业、紧邻地铁等特色。

1. 基地南北方向设计两条轴线：一条是风情商业街；一条是城市景观轴。风情商业街把 JK 地块商业连成一体，形成整体的商业风情街。风华路上设置过街天桥，配空中绿化，沟通神墩三路和揽月路公园，形成具有绿地光谷中心城特色的城市景观轴线。

2. JKL 地块商业塔楼各自围合成一个主题广场，L 地块围合成两个主题广场。J 地块设计文化主题广场，布置城市印象、历史、文化等人文特色；K 地块设计成艺术广场，布置室外展览、雕塑、艺术品展示、街头表演等；L 地块北侧设计下沉广场，形成数字表演、多媒体展示、灯光秀、发布会、时装秀、数字展等的媒体广场；L 地块南侧设计为庆典广场，是办公专用活动场地。

3. 商业设计为两层。为了更好地实现二层商业价值，设计了便捷的二层到达体系和连通体系。

4. 商业设计为两层。为了更好地实现二层商业价值，设计了便捷的二层到达体系和连通体系。台阶、扶梯、电梯、露天和连廊等把一二层紧密联系在一起。空中连廊又把三个地块紧密联系在一起，形成整体的商业环境，进一步提升商业活力。

5. 立体的空间交通体系。本次规划设计围绕光谷总体控规，关注绿色、步行、便捷人车分流等为导向的规划要点，JKL 地块内部被风华路、六通西街划分成三块。一层商业通过二层平台和连廊把三地块紧密联系在一起。在景观体系上拉近南面神墩三路与北面城市公园间的联系，有效地提升城市资源配置的共享能力，同时构建空中绿色生态体系，打造特色城市名片。

经济技术指标：

用地面积：34947m^2

总面积：303621m^2

建筑占地面积：18898.27m^2

容积率：5.58

建筑密度：54.08%

机动车停车位：2874 辆

地下非机动车停车位：2928 辆

绿地率：5%

[2]

[4]

[3]

[5]

天津北辰王庄缤纷城项目

开发单位：天津绿地津惠房地产开发有限公司
设计单位：上海尤安建筑设计股份有限公司
主创人员：高洵、张轶楠、程悦、徐志坚、胡广新
设计时间：2019 年
建成时间：2023 年
项目地点：天津
项目阶段：在建项目
项目规模：109000m^2
项目类别：商业

[1] 鸟瞰图
[2] 效果图 1
[3] 效果图 2
[4] 室内效果图
[5] 效果图 3

项目简介：

本项目位于天津市北辰区天穆镇，处北辰区西南部，东至辰永东路，西至辰永路，南至龙门道，北至龙岩道，项目东侧紧邻北运河，生态环境良好。距地铁 1 号线刘园站车程距离约 2km，距中环快速路约 1.5km，距外环线约 3km，可便捷通往市区；距天津站约 12km，距天津西站约 8km，距天津滨海国际机场约 27km，可快速到达京津塘、京蓟等多条高速，对外通达性良好。

区域周边规划生活配套齐全，项目地处北辰区大运河板块，东邻京杭运河北运河河段——京津冀入津门户第一站，是连接京津冀的重要走廊和展示天津形象的重要门户。该地块将成为北辰区交通便捷、商业繁荣、环境优美、充满活力的新中心，形成具有天津文脉、运河文化、现代生活的城市形象，未来也将成为该片区及周边居民主要的休闲聚集地。

中国的大运河是人类文明史上开凿最早、里程最长、工程最大的人工河流，是一条承载着中华民族密集文化基因的大动脉。天津把大运河的保护传承利用作为本分之责、应尽之义，在整体谋划、统筹推进、点线结合中，重新擦亮中国大运河

[1]

[3]

[2]

[4]

这张“世界文化名片”。北辰王庄绿地缤纷商业项目的设计目标是北辰区北运河边具辨识度的、能提供多样空间的城市综合体，着重于人们的生活、工作、购物与娱乐。项目涵盖了大型购物中心、商业街、酒店等业态，建成后将成为区域重要的城市生活目的地，吸引各年龄层的人们到来。

设计说明：

该项目为了呼应运河景观的走势，东西向场地空间由西向东面向运河面逐渐打开，形成活动流线逐渐开敞、自由的过渡。在整个场地中，为了丰富人们的体验，我们赋予各个界面和场地不一样的主题。南侧靠近城市主干道龙门道和沿路城市绿带，我们将运河文化赋予建筑形态，打造整体大气有辨识度的城市沿街形象，延续至西侧辰永路。东侧引入和呼应特有的运河景观，整个建筑形态呈山泉跌落汇入运河之势，将城市与自然融合，不光吸纳优美景色，亦可以成为沿河别样的一道风景线。特色娱乐主题贯穿整个地块的商业内界面，结合中庭与东侧商业街，用体验式的环境消融室内外界限。北侧龙华道是该地块与北侧住宅区的衔接面，住宅的生活气息会自然渗透于此。我们将植被景观、城市家居等与商业氛围相结合，打造亲人尺度的生活主题形象。两栋塔楼向河由高至低，使沿河城市形象舒展柔和。场地主体的购物中心和商业街向四周开口引入人流，西南角为商业主广场，东南角为次入口广场，步行道围绕购物中心四周沿城市道路连接东侧商业街，相互联系、串联全区。连接城市道路的机动车开口以西侧开向辰永路为主，北侧接龙华道的开口可从酒店下客后快速进入地下车库，除此外无机动车打断商业界面，达成人车分行和商业步行体系。

经济技术指标：

建设用地面积：21888.7m^2

总建筑面积：8.7 万 m^2

地上建筑面积：65000m^2

其中商业：45000m^2

酒店：20000m^2

地下建筑面积：22000m^2

容积率：3

建筑高度：80m

绿地率：20%

建筑密度：50%

客房数：360 间

机动车车位：457 个

主要技术创新点：

天津大运河文物保护区范围内的第一个获批项目，集休闲、亲子、运动、娱乐、美食、社交、文化七大主题于一体，打造家庭型一站式生活休闲购物中心。落地绿地集团缤纷城商业和铂派酒店，结合天津当地运营优化适用性设计，助力当地政府打造地标名片。设计在不同的楼层中打造出不同的主题街区，增添逛街的趣味性：以 5G 智慧化运营，创新消费场景，赋能实体商业，为消费者带来更加友好的购物体验；智慧停车服务，智能导购，运用人脸识别技术，为消费者带来全新的购物体验。全过程的 BIM 设计管控，在方案论证、协同设计、性能化分析、工程量统计上提升项目的管理水平和设计品质。

[5]

天津北辰绿地新里天澜住宅项目

开发单位：天津绿地津惠房地产开发有限公司
设计单位：中外建工程设计与顾问有限公司、
笛东规划设计（北京）股份有限公司
主创人员：高洵、胡广新、刘照琳、葛升
设计时间：2019 年 7 月
建成时间：2023 年 12 月
项目地点：天津市北辰区龙门道桥西北行 50m
项目阶段：在建项目
项目规模：规划住宅建筑面积 155415m^2
项目类别：住宅

[1] 鸟瞰图
[2] 南侧沿街
[3] 沿河半鸟瞰
[4] 西侧沿街商业
[5] 西侧大门
[6] 南侧入口大堂

项目简介：

天津北辰天澜住宅项目地块位于北运河西岸，是在充分利用土地价值和满足目前市场需求的前提下，全面落位集团光明城市、绿地健康宅 2.0 的科技新成果，秉承绿地新体系文化理念，围绕三大体系“健康城区”“健康社区”“健康家居”，环境水绿交融，社区公园、中央公园、樱花大道、滨河漫步道等，打造绿居、云居、安居、宜居的健康居住社区。

规划设计本着“人文、境界、舒适、实用”的设计理念，力求做到以人为本，精益求精。项目主要由 21 栋不同层次的住宅及配套公建组成，住宅分为两梯两户、一梯两户两种类型。项目规划东西方向共四列住宅，西侧两列以高层两梯四户住宅为主，东侧两列以多层一梯两户住宅为主，中心以景观带分隔。项目配套沿辰永路和龙华道布置。沿龙华道布置商业配套，与南侧商业地块形成连续性商业界面；西侧辰永路为小区主要交通道路，布置菜市场、物业、居委会等配套，服务便捷合理。沿地块东侧临辰永东路第一排布置 7 层洋房以

[1]

[3]

[2]

[4]

[5]

[6]

满足北运河西岸高度控制要求，住宅建筑高度沿运河由 7 层、9 层、15 层、17 层、22 层、25 层逐步增高，形成丰富的空间层次和城市天际线。

设计说明：

天津北辰天澜住宅项目在规划布局上，充分考虑了用地的周边环境特点，结合人车分流，景观环境，日照采光，商业配套以及节能环保的先进科技理念，实现可持续发展的社会要求。在合理规划，结合户型分布，充分利用土地和实用的前提下，力求打造出一个舒适的高品质社区，为区域交通、环境、配套等多方面的功能品质升级做出贡献。

项目充分结合地形和朝向，借势运河之景，将自然景观引入小区内部，同时兼顾都市居住区人文园林特点，产生视觉和心理上的归属感与享受；充分照顾景观的均好性，规避不利影响，营造高贵顶级舒适的居住和庭院环境。同时全面落位绿地健康宅 2.0，选用 121 项技术要点。以居者的感受为原点，对各房间的舒适尺度、功能布置、干湿分区等进行合理安排，不断优化产品细节，匠筑健康科技人居。交通组织形式为周边市政道路 + 内环主路 + 小区支路，主要车库出入口直接对接市政道路，小区内部道路系统采用人车分流的组织方式，既保证了车行的便捷，又保证了人行的舒适与安全。小区内主路采用内环路形式自然流畅，路旁景观变化有序，内部道路与周边围绕基地的城市道路通过几个不同方向的出入口相连，通达性强，交通便捷。分支路和消防通道与庭园景观相结合，采用卵石或广场砖等铺砌，可达性好，既可满足消防扑救面的需要，又体现了小区环境品质。立面设计采用大都会风格，三段式构图，强调对称，体量切分干净，注重顶部退台和收分，网格式立面构图，用现代几何图形演绎古典比例，融入现代的材料及设计手法，营造出简洁、韵律化、典雅、时尚的建筑形象。

经济技术指标：

建设用地面积：62487.2m^2
总建筑面积：155415m^2
地上建筑面积：112476m^2
容积率：1.8
绿地率：40%
建筑密度：22.06%
机动车车位：1311 个

主要技术创新点：

1. 以光明城市开发理念为核心，围绕甲方规划、全景规划，借势大运河整体规划，精准配置健康住区、缤纷城、铂派酒店；设定城市地标，落位五小四居；配置社区公园、中央公园、樱花大道、滨河漫步道等，营造区域新地标建筑群。
2. 多种功能集聚，业态互相促进，打造全景生活场景，为区域交通、环境、配套等多方面的功能品质升级做出贡献。
3. 落位绿地健康宅 2.0，围绕健康城区、健康社区、健康家居三大体系，选用 121 项技术要点，其中健康城区 19 项、健康社区 45 项、健康家居 36 项、产品选配 21 项，以居者的感受为原点，对各房间的舒适尺度、功能布置、干湿分区等进行合理安排，不断优化产品细节，匠筑健康科技人居。
4. 项目全部采用装配式设计，装配率 30%，楼板、楼梯采用预制构件，内隔墙采用 ALC 条形板，同时采用集成厨卫及预制管井，与传统建筑相比，装配式结构部件采用工厂高精度生产制作，现场施工安装，降低人工作业误差，质量更有保障。
5. 海绵城市设计：采用下凹绿地、透水铺装等方式，达到海绵城市设计要求，即下雨时发挥渗透、蓄水功能；干涸时，发挥释放水的功能，打造舒适居住环境。
6. 项目达到绿色建筑二星级标准，在充分利用自然条件打造健康居住环境的同时，减少对自然环境的使用和破坏，实现绿色环保节能。

璟宸原著

开发单位：青岛龙湖置业拓展有限公司

设计单位：北京中环世纪工程设计有限责任公司青岛分公司、广州山水比德设计股份有限公司

主创人员：马全庆、赵军、李善瑞、李元春、孙述虎、王宏禄、梁珣

设计时间：2019 年 6 月

建成时间：2020 年 6 月

项目地点：青岛市胶州区

项目阶段：建成项目

项目规模：约 17 万 m^2

项目类别：住宅

[1] 建筑效果图 1
[2] 鸟瞰图
[3] 建筑效果图 2
[4] 建筑效果图 3
[5] 建筑效果图 4

[1]

项目简介：

璟宸原著项目是龙湖在青岛胶州打造的首座精品住宅，项目位于青岛胶州市，区位优越，交通发达，是山东半岛连接内陆的交通咽喉，距离新机场 14km 左右。

设计说明：

项目以舒适的步行尺度为依据，以广场、街道为结构，形成居住与生活并重的布局方式，运用现代规划设计手法去营造一个自然而富有独创性的居住社区，融入现代主义元素的社区形象及生活模式成为本居住区最大的亮点。

同时，项目在设计时注重“以人为本”秉承四大原则：独创性原则、人本主义原则、生态原则、可操作性原则，为居民塑造都市中自然优美、舒适便捷、卫生安全的高品质宜居社区。

经济技术指标：

规划用地面积：78922m^2

本次报批规划总建筑面积：174391.82m^2

容积率：1.66

建筑密度：24.36%

绿地率：30.00%

规划户数：1211 户

规划人口：3875 人

停车位：1271 辆

注：地块容积率，建筑密度，建筑高度为规划上限，绿地率为规划下限。

[2]

[4]

[3]

[5]

九里晴川

开发单位：青岛龙湖置业拓展有限公司
设计单位：柏涛建筑设计（北京）有限公司
主创人员：唐凯、陈德军、黄琪
设计时间：2018 年 12 月
建成时间：2020 年 5 月
项目地点：青岛市西海岸
项目阶段：建成项目
项目规模：约 14 万 m^2
项目类别：住宅

[1] 主要单体效果图 1
[2] 规划总平面图
[3] 总体鸟瞰图
[4] 主要单体效果图 2
[5] 主要单体效果图 3
[6] 主要单体效果图 4
[7] 主要单体效果图 5

[1]

项目简介：

龙湖·九里晴川坐拥自然大境，周边山、海、河、园、廊交相辉映，大珠山、藏马山、琅琊台三山环绕，东马河、苑庄河双水环抱。南侧有万亩蓝莓庄园，西北侧打造十里油画长廊，山灵水韵动静相依，诗意墅居触手可及。

设计说明：

在传统居住文化的基础上，集萃“宅—园—院—巷”的中式建筑形式；以王府式的尊贵气度筑宅，打造宽景高层、国风叠院；采用“府门三进”，独门独户的庭院，延续着有院有天地的生活情怀；坊巷肌理以适宜的尺度勾勒出居住环境的古韵风雅。

经济技术指标：

规划用地面积：69043m^2

总建筑面积：143542.39m^2

计算容积率建筑面积：103564.5m^2

地下建筑面积：39977.89m^2

容积率：1.50

建筑密度：24.93%

绿地率：35.13%

居住总户数：857 户

地上停车位：109 辆

地下停车位：748 辆

[2]

[3]

[4]

[5]

[6]

[7]

龙湖天璞

开发单位： 青岛龙湖置业拓展有限公司

设计单位： 柏涛建筑设计（深圳）有限公司

主创人员： 辛加坡、陈德军、林忻、苗恺、李青、李世光、刘斌

设计时间： 2019 年 2 月

建成时间： 2020 年 5 月

项目地点： 青岛市黄岛

项目阶段： 建成项目

项目规模： 约 $40000m^2$

项目类别： 住宅

[1] 建筑效果图 1
[2] 建筑效果图 2
[3] 鸟瞰图
[4] 景观效果图 1
[5] 建筑效果图 3
[6] 景观效果图 2

[1]

[2]

项目简介：

青岛龙湖·天璞是龙湖在青岛的又一经典之作，在青岛打造的又一精品住宅，地处青岛金沙滩区域内，占据“三滩一岛一公园”自然资源，紧邻滨海大道及胶州湾海底隧道，双地铁覆盖，贯穿大青岛新老城区。项目采用现代新古典设计元素的立面风格，砖红色的屋顶与青岛人文历史相呼应。

设计说明：

“身穿谦祥益、头戴盛锡福、吃饭春和楼、看戏去中和、看病宏仁堂。”城市不同时代的街区相互融合，各自留下时代的印记，丰富了城市的内在韵味。里院文化是中华文化和西方文化的结合。处于山东地带的青岛，根植中华传统文化。主要特点概括为多样性、包容性和创新性，海纳百川、兼收并蓄。颇具静怡舒缓的街区尺度，优雅斯文的巷道空间，活力多元的里坊风情。

[5]

[6]

[3]

[4]

经济技术指标：

用地面积：17111.00m^2

总建筑面积：41585.39m^2

地上建筑面积：21730.97m^2

地下建筑面积（不计算容积率积率）：19854.42m^2

建筑容积率：1.27

建筑密度：26.7%

绿化率：40.1%

住宅总户数：138 户

住宅总人口：414 人

总停车数：212 辆

融创 · 紫金山观樾台

开发单位：龙岩融鑫房地产开发有限公司

设计单位：安徕德（上海）建筑设计工程有限公司

主创人员：方治国、纪孟妍、罗启闻、李响、裴成雨、汪杰、王习乐、刘强英

设计时间：2019 年 1 月—9 月

项目地点：福建省龙岩市新罗区龙门镇龙岩紫金山体育公园

项目阶段：在建项目

项目规模：384160.33m^2

项目类别：住宅

项目简介：

自然条件分析

气候：龙岩市属亚热带海洋性季风气候。平均气温 18.7~21.0℃，平均降水量 1031~1369mm，日照时数 1804~2060h。全年气候温和，无霜期长，雨量充沛，适宜亚热带作物和林木的生长。

周边交通：基地紧邻西外环线（双向 6 车道），到龙岩汽车站驾车路程约 3.5km，行驶时间约 7min，距龙岩动车站路程约 5km，行驶时间约 10min，项目西侧有一段在建隧道，通车后，到市政府路程缩至 4km，5min 内可快速到达龙岩主城区繁华地段，交通优势明显。

地理位置分析

龙岩紫金山体育公园位于龙岩市新罗区龙门镇紫金山麓，东临龙梅铁路，南靠尖峰，西至 609 县道及赤水村，北临漳龙高速及龙门镇。基地南侧紧邻紫金湖，西侧紧邻花海，北侧眺望远山，四面环有良好的景观资源，东侧紧邻城市道路，有着便利的交通条件。规划中 609 县道将拓宽成环城西路。

[1] 示范区室内实景图 1
[2] 鸟瞰图
[3] 示范区室内实景图 2

[1]

建设现状

周边建筑：地块位于紫金山体育公园北侧，东临交房的玫瑰园，南侧与西侧为花海，景观资源极好，此合作地块为紫金山育公园未开发地块中最优质地块。项目社区配套完善，包括社区管理、文化娱乐、教育及体育配套设施等，多数已经投入使用。

基地：用地为狭长型，长度为 702m，宽度最宽处 345m，最窄处 51m。

竖向：用地内基本走势为南低北高，总体高差为 5~15m。需要考虑台地或缓坡解决办法。

设计说明：

本工程由 25 栋高层住宅、16 栋多层住宅及沿街商业（-1 层）组成。

紧凑合理、高效有机

本案结合地块特征，组织人车行入口，人车分流，地块西侧沿用地走势布置，形成较好的韵律感。建筑朝向本地区核心绿地景观，转向角度是南偏东 29.5 度，点板结合的建筑布局形式，使更多户型能取得好的景观视野。

功能规划方面，本案综合考虑高层区与多层区的居民使用，在中轴处设置物业配套用房以及沿街商业，主要服务本地块居民，提高项目的综合价值；同时，在地块中心区域打造中央花园，与西侧花海结合，提升价值，丰富小区绿地侧界面活动以最大化景观使用。

交通规划方面，本案将车行流线与人行流线独立处理，小区车行与人行主入口就近布置，在入口处人车分流，主入口布置在用地东侧中部，小区内结合景观设计布置，通过中心轴线分别连接阶梯绿化步道和生态步行系统，形成完整舒适的步行体系。停车方式以地下车库停车为主，结合地块西、北侧地面公共停车位，满足生活居民停车及来访停车的综合需求。

景观方面，本案力争最大化利用周边优势景观资源，将建筑朝向面结合景观合理布置。地块建筑面向东侧绿地场地，享受无遮挡绿地球场的优美景观，使更多户能获取开阔的视野，近对绿地，远对山景。同时地块内建筑围绕组团景观布局，能享受花园带来的自然、人文的美景。景观主轴由入口广场平台、阶梯式开放架空层空间、观景平台等一系列元素组成，组成完整的景观步行体系。

经济技术指标：

出让用地面积：128804m^2（住宅用地—城镇住宅用地）

建设用地面积：128804m^2（住宅用地—城镇住宅用地）

总建筑面积：384160.33m^2

计算容积率建筑面积：270351.30m^2（≥ 231850m^2 且 ＜ 270485m^2）

建、构筑物基底面积：28324.00m^2

建筑密度：21.99%（18%~22%）

容积率：2.099（≥ 1.8 且＜ 2.1）

绿地面积：45094.28m^2

绿地率：35.01%（35%~40%）

建筑控制高度：80.00m（≤ 80m）

总户数：2490 户（≥ 2049 户）

车行出入口方位：东侧

机动车停车位：2713 辆

非机动车停车位：3630 辆

人防面积：14540.51m^2（≥计算容积率建筑面积的 5%）

主要技术创新点：

在云端艺术馆这个设计中，我们利用地块本身的地势变化，通过三个坡道消解高差，通过玻璃来渗透交融宁静的“云”，起伏的山峦，婆娑的树影。自然环境和建筑元素共同围塑空间界限，空间与空间之间相互渗透、叠合，形成一种暧昧且模糊的空间，塑造了丰富的空间层次，建筑与环境相互融合。

[2]

[3]

融智创城

开发单位： 杭州融伦置业有限公司
设计单位： 上海中房建筑设计有限公司、浙江绿城建筑设计有限公司
主创人员： 何剑英、何蓓、李丰仁、李博、王阳、刘韵、栾增宝、包海泠、龚革非、许善惠、陈飞、郁超、吕海贝、吴廷坤、朱秋龙、张微、谭偲、于思、张仁健
设计时间： 2018 年 12 月
项目地点： 浙江省杭州市钱塘新区
项目阶段： 在建项目
项目规模： 总建筑面积 615510.035m^2
项目类别： 住宅、公建

[1] 实景图 1
[2] 实景图 2
[3] 创新高层效果图
[4] 实景图 3

[1]

[2]

[3]

项目简介：

杭州融创城位于钱塘新区大江东产业集聚区，地块周边配套完善，由高层、洋房、低密别墅等组成的国际化大社区。示范区位于地块东南侧，设计立足于杭州深厚的历史文脉传承，兼顾当下流行现代简约的设计理念，呈现传统与现代交融的独特韵味。

设计说明：

设计理念

商办方案结合场地本身的规划特点，以江东有青山为设计理念，希望在日趋同质化的城市办公区，塑造一个有文化，有特点的城市森林。为上班族提供更舒适的办公体验，为城市塑造靓丽的风景线。住宅区建筑的实质在于空间，本设计以共生为主要理念，采用现代的设计手法，渲染出地域独特的精致文化。建筑外部的墙体和蜿蜒曲折、层层递进的行走动线，营造出界限分明的内外空间，建筑控制在严格的秩序中，方与圆贯穿其中，表达出中国古典文化中的礼仪系统感。

规划结构

1.“双塔”门户

沿青六路设置双塔，提升城市形象，作为景观仪式轴的起点，彰显江东地区门户地位。

2.“一轴”景观仪式轴

从青六路至通慧湖设置一条公建化立面，与道旁城市绿化相结合，形成一条极具仪式感的城市门户大道延伸向湖面。

3.“一环”公共环道

连接各个地块，连接公建配套，是规划结构的主动脉，通过车辆限流的方式条打造慢行生活环。

4.“三核”邻里中心及幼儿园

沿慢性生活环分布的邻里中心和幼儿园，具有极强的可达性，也作为规划中的功能核为大社区提供便民配套支持。

5.“五通廊”景观视线通廊

设置三条主要视线通廊，另设两条次要通廊，指状分布，滨水景观更好地与社区关联，与城市连接更紧密。

经济技术指标：

大江东 7 个地块总指标（住宅 + 幼儿园）

总用地面积：140882m²
总建筑面积：429942.155m²
地上计算容积率建筑面积：285375.365m²
地下建筑面积：144566.79m²
容积率：2.026
建筑基地面积：37513.48m²
绿地面积：42565.6m²
建筑密度：27%
绿地率：30%
总户数：2328 户
总人口数：7450 人
机动车停车位数：3043 个
非机动车停车位数：4332 个

商办建筑工程主要技术经济指标表（DJD0402-20、DJD0405-20 地块汇总）

总用地面积：31261.00m²
总建筑面积：185567.88m²
架空层建筑面积：693.86m²（按省标不计建筑面积）
避难区建筑面积：1695.79m²（按省标不计建筑面积）
计算容积率建筑面积：116376.60m²
建筑基底面积：13107.46m²
容积率：3.72
建筑密度：41.93%
绿地率：20.00%
机动车位：1586 个
非机动车位：3109 个
人防建筑面积：15725.94m²（含二期住宅应建 6094m²）

主要技术创新点：

大美至简，传统与现代的交互演绎。为了实现更好的设计效果，设计对规划地块的条件进行了详尽的研究，并对其做出了巧妙的阐释。塔楼分别位于两个地块的南北两侧，形成城市大门。设计以此为基点，塔楼分别向南北扩展，构成了优雅的片状形态，面向公园，使南立面最大化。住宅区简洁的建筑立面不仅创造了独特的建筑外观，并且形成独具特色的室内大堂空间，同时与丰富的周边自然景观相互对比，产生独特的视觉效果。

住宅区立面特点

高层住宅（公建化立面）：
极简主义，以简单的结构，天然的材料，简练的造型来实现纯粹的、无杂质的表现效果，从而趋近形式上的完美，呈现出一种宁静而又大气的美感。
洋房住宅（公建化立面）：
采用整体、精致的设计手法，对建筑形体进行更加简洁大气的裁剪分割，形成更具人性化的尺度。
高层住宅（国际化立面）：
采用现代、简约的设计手法，用片墙对建筑体量切分，优化空间关系，强化空间感，突显品质化立面。
洋房住宅（国际化立面）：
采用现代、简约的设计手法，用片墙对建筑体量切分，优化空间关系，强化空间感，突显品质化立面。

［4］

融创杭州湾壹号

开发单位：融创东南区域集团浙东公司
设计单位：浙江大学建筑设计研究院有限公司、上海天华建筑设计有限公司、上海中房建筑设计有限公司
主创人员：陈宗炎、陈浩、王振华、徐世敏
设计时间：2019 年
建成时间：2023 年
项目地点：宁波杭州湾新区
项目阶段：建成项目
项目规模：1100000m^2
项目类别：住宅、公建、商业

[1] 双核驱动 -TOD 邻里中心
[2] 双核驱动 - 融创智谷鸟瞰图 1
[3] 归心社区 1
[4] 双核驱动 - 融创智谷效果图
[5] 双核驱动 - 融创智谷鸟瞰图 2
[6] 归心社区 2

项目简介：

宁波杭州湾新区位居上海、杭州、宁波三大都市几何中心，是宁波接轨大上海、融入长三角的门户。宁波杭州湾新区是中国沿海地区十分难得的战略要地，两小时交通圈内可覆盖中国人口最密集、经济发展速度最快、生活水平最高的地区；周边同时拥有四大国际空港和两大东方大港，依托宁波杭州湾跨海大桥和正在规划的杭州湾跨海二通道、杭甬高速复线、宁波至新区城际铁路等大型交通设施，可直接与周边城市群实现“同城化”发展。新区包含湿地休闲区、商务新城区及高端产业区三大板块。本项目位于商务新城区启动区核心板块及中央城市主轴线上。

设计说明：

融创杭州湾壹号旨在打造滨海新城核心区智慧宜居新城典范，通过融创智谷的引入，打造经济引擎，实现产城融合。规划上依托两个轻轨站点布置公共设施，实现融创智谷和 TOD 邻里中心双核驱动，强化开发强度和 TOD 的正相关性，

[1]

“双核”不仅从高度上成为区块核心，更重要的是其公共服务和产业集聚的作用，将 TOD 开发与其服务和产业的功能结合起来，实现产城融合，创造区域城市公共中心，形成生活核心“TOD 邻里中心”和产业核心“融创智谷”。区域出行强调 TOD 空中新干线及人行连廊系统的完整性和多样性，通过城市连廊、悬铁站、混合社区、空中步道、运动花园等概念的引入，实现“TOD 邻里中心”的最大化多维度的铺展。分区空间设计强调街道一体化，与无围墙社区概念相结合，使得“开放社区的概念”得以落地和实现。完整的人行连廊系统及开放的社区界面，构建了区域的慢行系统，强化了水岸休闲都市的城市定位。居住单元强调“归心社区”的概念，通过完善的生活配套、丰富的室外活动产地和多层次景观系统的构建，打造人文宜居的花园宅邸。作为区域产城融合的标杆产品，最终目标在于营造美好生活、产业高度聚集、城市功能完善、生态环境优美的融创智慧城。

经济技术指标：

用地面积：411415.00m^2
建筑面积：1125584.17m^2
地上建筑面积：810428.09m^2
地下建筑面积：315156.08m^2
机动车位：8232.00 个
非机动车位：11988.00 个
容积率：1.97
建筑密度：24.47%
绿地率：30.00%
建筑基底面积：100691.32m^2

主要技术创新点：

新型建筑工业化：项目不少于 10% 的计算容积率面积采用装配式建筑，且单栋建筑装配式预制率不低于 25%。
新材料应用：居住建筑可再利用材料和可再循环材料用量比例不小于 6%，公共建筑可再利用材料和可再循环材料用量比例不小于 10%。在保证性能的前提下，优先使用利用工业或生活废弃物生产的建筑材料。

[2]

[3]

[5]

[4]

[6]

融创海越府

开发单位：融创东南区域集团环沪公司
设计单位：上海中房建筑设计有限公司、
杭州绿城都会建筑设计有限公司
施工单位：浙江省工业设计研究院
主创人员：何剑英、何蓓、李丰仁、解梦鑫、李博、范从品、钱锐、包海泠、龚革非、徐世敏、舒捷华、黄康辉、陈涛
设计时间：2017 年 5 月
建成时间：2019 年 9 月
项目地点：浙江省嘉兴市平湖市
项目阶段：建成项目
项目规模：总建筑面积 196413m^2
项目类别：住宅

[1] 实景图
[2] 鸟瞰图
[3] 效果图 1
[4] 效果图 2

项目背景：

合院一直是理想生活的顶级居住形式，是中国五千年文化底蕴沉淀的人居理想。
“与世界共东方　与院子共生活”是海越系产品的精神背书，也是合院产品承载的生活理念。
以宋式江南水乡传统建筑为设计蓝本，融入现代的世界美学理念，塑造大院生活的恒定精神；身系历史与人文的传承，重塑平湖心与新的传奇。

设计说明：

产品主张

溯源千年文脉，截取中国文化最美的时代切面，打造“宅以容身，远以寄情”的居住理想。洞察时代心意，营造属于当代的东方人居经典。以最好的作品致敬平湖的国际化时代和最好的生活。

[1]

以“传统精神　现代演绎”为思想内核，海越府在尊重传统文化传承的同时，融入了具有时代性的审美潮流，将由繁入简的现代美学，以及与时俱进的现代材料与技术，注入到传统宋式江南水乡的建筑形式之中。

整体构成

1. 将吴冠中式的简约江南水乡画作和建筑空间、造型相结合。
2. 将淬炼重铸的人文气质通过建筑空间和景观环境的营造加以糅合和展现。
3. 以一门一天地的臻镜表现优雅温馨的国风华宅。
4. 以纵横交错的坊道和深巷承载水乡古城的生活场景和历史记忆。

经济技术指标：

总用地面积：69626.00m^2
总建筑面积：196413.00m^2
地上建筑面积：139252.00m^2（未含架空层面积 565.41m^2）
地下总建筑面积：57161.00m^2（其中设备夹层面积 690.31m^2，消防水池 138.43m^2 坡道面积 323m^2；非机动车库面积共 4228m^2。）
地下人防面积：11207.00m^2（人防应建面积为 11097.2m^2）
建筑基底面积：17267.20m^2
建筑密度：24.80%
计算容积率积率面积：139252.00m^2
容积率：2.00
绿地面积：25458.04m^2
绿地率：36.56%
总户数：1407 户
机动车车位：1536 辆
非机动车车位：2843 辆

主要技术创新点：

规划设计方案

打破常规住宅行列式布局，采用聚落组合的方式（建筑相互错落、咬合的连接）进行布局，依托 T 字空间轴线纵横展开并相互关联，营造层次丰富，意象鲜明的社区核心空间，还原传统居住形态中灵活的空间关系，诠释与环境的特质，营造了具有传统街巷气质的邻里氛围。

合院住宅

讲究色彩的搭配：延续古典建筑中粉墙黛瓦与自然景观之间形成的色彩搭配与对比。
丰富的造型：采用歇山、硬山和小披檐的手法，丰富建筑造型与建筑空间感受。
简洁而精致的装饰：统一提炼丰富的装饰元素，取消繁复的雕梁画栋，并通过现代生产手段，形成符合现代审美品位，体现中国古典精髓的建筑细节。

[2]

[3]

[4]

融创森与海

开发单位：杭州融泓政房地产开发有限公司

设计单位：规划：艾奕康设计与咨询有限公司；建筑：大象建筑设计有限公司；
景观：上海张唐景观设计事务所；室内：孙文建筑装饰设计有限公司

主创人员：建筑：张晓晓；景观：张东；室内：孙洪涛

设计时间：2019 年 4 月

建成时间：2020 年 12 月

项目地点：杭州市萧山区

项目阶段：在建项目

项目规模：3333350m^2

项目类别：文旅

[1] 国际生活体验馆鸟瞰
[2] 商业街效果图
[3] 运动 MALL 效果图
[4] 排屋样板房实景
[5] 半心礼堂
[6] 森系新生代户型实景
[7] 言几又书吧

[1]

[4]

[2]

[5]

[3]

[6]

项目简介：

森与海项目从客户体验与运营的维度出发，思考小镇生活的整体规划与营造，打造年轻派运动型大社区，极具体验感的小镇生活体验中心，亲子、露营、音乐、咖啡与啤酒、商业街与运动 MALL、山脊线与农场，未来可见的生活在体验中心得以充分呈现；为提升区位价值与地产销售作出了的贡献。

设计说明：

建筑设计上充分尊重场地自然环境，室内室外空间既灵活丰富又交织呼应，立面以展新的设计手法和材料语言彰显现代、国际、生态、活力、共生的人文理念，让建筑与自然充分融合。筱湖公园景观设计：整合场地优势自然资源，运用现代生态的手法，将自然与城市、社区进行联系，以达到人与自然和谐共生，自然反哺人类的目的，充分展示项目未来社区的生活场景（景观面积约 9 万 m^2）。国际生活体验室内设计：以自然亲近的颜色表达和材料肌理，彰显对人本的关怀，让人们回归到自然的感受之中。不同的空间层次带来丰富的空间体验，集合与共享、行走与停留，内与外上与下温馨而典雅，如家一般身处其中。

经济技术指标：

地块性质	地块编号	面积（m^2）	容积率	占地面积（m^2）	建筑面积（m^2）
住宅用地（已取得土地证）	A	278743（含代征 4580）	1.0~1.4	274162	383826
	B	204593	1.0~1.4	204592	286428
	C	70390	1.0~3.0	70390	211170
	D	13985	1.0~1.4	13985	19579
	合计	563131		563129	901003
公共设施旅游用地（已取得土地证）	旅游 E	93984	≤ 0.6	93988	56393
	旅游 F	19563	≤ 0.6	19563	11738
	旅游聚乐部	8352	0.4~1.0	8352	8352
	商务会所	25192	0.65	25192	16375
	合计	147061		147095	92858
合计		710192		710224	993861

主要技术创新点：

U 玻墙结构透光处理、地送风系统、型材吊顶拼接、手工敲制铜门；数控水滴吊顶、蜂窝板泛光衍射、无动力景观装置、雨水回收系统、园区智能化系统等。

慈溪保利银杏文化小镇

开发单位： 保利发展浙江区域公司
设计单位： 上海水石建筑规划设计股份有限公司
主创人员： 孙震、庄严、黄顺周、龚克
设计时间： 2018 年 3 月
建成时间： 2019 年 6 月
项目地点： 浙江省慈溪市湾底路
项目阶段： 在建项目
项目规模： 地上面积：136500m^2
项目类别： 住宅、商业

[1] 实景图 1
[2] 鸟瞰
[3] 实景图 2
[4] 实景图 3
[5] 实景图 4

项目简介：

项目地点：项目处于位于慈溪中心城区的西南部，北临劳湖，南临山地，依山傍水；兼具“城郊村”和“景中村”双重特征，临近慈溪西站和 G329 国道，交通便利；教育、医疗、商业配套完善。用地南高北低，住宅地块利用场地的高差形成两个独立的花园组团，同时设置不计面积的地上车库，化解原始地势形成的巨大高差，通过的景观台阶弱化高差，并运用人性化的手法打造花园式景观梯步。商业地块建筑群体依山而建，由南往北形成台地状的商业片区，东西向错落有致，步行系统横纵交错，形成九坊七巷的商业活力街区。

设计说明：

规划之初，我们便确定了“保利城市型文化小镇”的顶层设计，即基于城市运营层面的设计目标及原则。
保利文化小镇将开创城市文化产业发展的三个新模式。“文化产业、旅游产业、新城建设”互生共融，构建“将文化融入自然，将文化融入社区”的双融生活，创建“文化引擎，创意筑城”

[1]

的城市更新新范式。

以城市待开发区域整体城市更新改造为契机的四个新目标。积极探索以文化产业带动城市建设发展的新模式，实现文化产业升级的最佳实践区，快速提升城市待开发区域的城市形象。

从“文化搭台”到“为文化搭台”的重要转变。以保利优势文化产业导入为策略的“产城共生型”城市开发转变。

同时在对项目的深层思考中，我们也提取了三个基于品牌战略的技术关键词。

山地型综合社区项目：城市中心土地存量减少，地价高昂，建设用地郊区化趋势明显，许多平原的郊区也呈现出丘陵地貌。如何从设计的维度去处理技术（工程）问题，以及形成对于前期设计沟通中的关键性问题，规划要点及产品策略的总结。

“保利文化小镇综合社区”超级 IP：是否能依托保利文化运营能力，形成具有鲜明保利特色的城市型文化小镇（综合社区）的品牌产品，同时也作为具有保利优势的购地策略。

城市文化小镇的规划（产品）模块：是否能通过文化小镇核心区的模块化处理，合理将品牌资源、租售比例、后期运营、产品配置等要素整合到模块中，并打造“保盒”文化博物馆及“保利秀场”社区影视中心两个文化社区中的特色模块。

经济技术指标：

用地面积：85657.00m^2

总建筑面积：188068.38m^2

总计算容积率建筑面积：126772.36m^2

装配式建筑奖励建筑面积（地上不计算容积率）：1160.10m^2

综合容积率：1.48

占地面积：29919.68m^2（≤ 29979.95m^2）

建筑密度：34.9%（≤ 35%）

总户数：756 户

总人数：2420 人（每户 3.2 人）

绿地面积：25697.10m^2

绿地率：30.0%

机动车停车：1359 辆

主要技术创新点：

展示区部分，由于场地内水坝高于城市道路 6m，从城市广场上无法感知场地的自然特征。设计则将建筑主体抬起，悬于水面之上，再用跌瀑的景观形式表达“小镇之水天上来”的山水意境。为了创造小镇展示区主体建筑飘逸而通透的建筑形式，其结构采用了空间桁架梁式的钢结构形式。主要结构构件采用了创新式的超细斜撑，截面尺寸控制在 22cm 以内的极限尺寸。超细斜撑将屋面和楼面连成一个整体来受力，将整个层高作为一个虚拟的巨梁（楼层桁架），从而实现了约 21m 的前端悬挑和 26m 的大跨度，使得最大的楼面梁高仅为 900mm，最大的屋面梁仅为 400mm，形成开阔无柱的室内空间。空间视野所及之处，均为全玻璃结构幕墙系统，使室内空间完全融入周遭的景观之中。建筑实体部分的外表皮采用深灰色的帝王黑石材。由于建筑大量外表面为室外吊顶面，幕墙计算中将吊顶石材的厚度减到 8mm，实现建筑全石材幕墙干挂，形成建筑“顽石”般的形态。

[2]

[4]

[3]

[5]

锦粼天序

开发单位：龙湖、新希望

设计单位：上海水石建筑规划设计股份有限公司

主创人员：王海坤、曹杰、胡肇闻、谢攀、郑斌、张愉源、魏雯

设计时间：2020 年 4 月

建成时间：2020 年 9 月（示范区）

项目地点：昆明西山区

项目规模：336877m^2

项目类别：住宅、公建

[1] 鸟瞰图
[2] 示范区实景图 1
[3] 希望路示范区大图 1
[4] 希望路示范区大图 2
[5] 示范区实景图 2
[6] 示范区实景图 3

[3]

[1]

[2]

[4]

项目简介：

项目位于昆明市西山区，城市中心区近二环圈层，距万达广场及昆明双塔仅 300m，距二环路仅约 900m，属城市发展核心地带。项目距昆明站直线距离仅 1.2km，交通线路丰富，区域潜力大。项目旨在最大化地块资源，合理制定开发策略，打造城市标杆之作，国际精英人居典范。

设计说明：

项目具有优越的地段，完备的配套，发达的交通等，具备了豪宅标配的基本样貌，但周边的不利因素也限制了项目品质的实现：1. 本项目为商住混合用地，商住比为 3：7，商业对于居住的影响是矛盾的，商业激发居住活力，吵闹的环境也影响了居住的品质；2. 北侧相邻地块为雅居乐的商业用地，进一步影响居住品质；3. 地块东、西、北侧是城市的主次干道，道路等级较高，对本案影响较大；4. 本地块四至除西侧、北侧设置城市绿化带外无明显的自然景观资源；5. 配建一所有 9 个班级的幼儿园。

相应的策略在于合理设计规划结构，将本案商业设置于地块北侧，避免本地块商业单打独斗，与雅居乐和万达商圈形成商业联动，商业最高点设置于东北角，与雅居乐错位摆放，优化城市天际线，商业内街串联外街的复合型多 IP 的商业，提升商业价值，引爆话题流量，南侧为规整住宅用地，初显大盘品相；住宅底商联动北侧商业；延续活力居住社区，打破传统豪宅的封闭和单调，通过业态的控制和管理，形成“出则繁华，入则宁静”的双兼顾社区。充分利用主干道的城市绿化带，和退界的规范，一体打造商业外摆 + 绿化广场，利用不同植物高低错落的组团，减弱城市干道带来的噪声，也提供了休闲散步的场所；中轴对称大花园布局，形成十字景观轴，园区内部形成多个组团花园；社区活力激发、活动场地全龄覆盖，以架空的方式，串联前场景观、中心花园、单元入口，打破高层社区带来的视觉压力，保证园区通透性，模糊室内外边界，形成联动；另外，豪宅外立面的演变是时代审美的见证，随着绿色、环保理念的兴起，科技的发展，豪宅外立面铝板以及玻璃幕墙的应用越来越普遍，审美慢慢向现代感和国际范转变；从极简到厚重，从厚重到轻薄，化繁为简是整体建筑设计趋势。其中大面积玻璃，极致视野的阳台、横向线条以及精工细作是现代风格豪宅的表达方式。为保证住宅立面的公建化，达到简明纯净，干练笔挺的效果，在住宅立面不允许使用幕墙体系的规范前提下，我们通过使用类幕墙与下挂玻璃栏板来实现立面的幕墙效果。

[6]

[5]

经济技术指标：

规划用地面积：54932m^2

总建筑面积：336877m^2

计算容积率面积：252689m^2

绿地率：32%

容积率：4.6

建筑密度：35.9%

主要技术创新点：

T3 栋型，体型非对称，通过片墙 + 体块的形式组织立面，形成现代灵动的立面效果。

通过采用类幕墙与下挂玻璃栏板来实现立面的幕墙效果。

在飘窗的节点控制上，飘窗上下两部分均采用窗系统，窗系统采用明框和隐框相结合的体系，通过简洁的变截面铝型材，实现上下窗扇的平顺交接。

海玥名邸销售中心建筑设计方案

开发单位：上海建工－天津津玥房地产有限公司

设计单位：天津天华北方建筑设计有限公司

主创人员：吴佐江、汤瑞雯

设计时间：2019 年 6 月

建成时间：2020 年 4 月

项目地点：天津市津南区

项目阶段：建成项目

项目规模：1198.06m^2

项目类别：公建

[1] 庭院实景图 1
[2] 庭院实景图 2
[3] 总平面图
[4] 鸟瞰图
[5] 实景图
[6] 庭院夜景效果图

[1]

[2]

[3]

[5]

[4]

[6]

项目简介：

项目位于天津市津南区，地处津沽公路北侧。海玥名邸销售中心位于场地的西北沿街侧，作为项目的第一展示点，巧妙地利用街角场地与周边道路关系，在配合自然景观的虚实之间突出建筑主体。

设计说明：

方案巧妙地利用街角场地与周边道路关系，让建筑在不经意间融入在自然中，提取来自大自然的元素，对其进行提炼，组合，再应用到我们的设计语言里，在繁华间，寻找到身心的归属与栖息，志存高远，过滤喧嚣，去构建心灵的世外桃源。

空间与流线

我们在空间流线上，为参观者营造了渐进式空间序列，潜光隐耀，蕴含着中国道家文化，小隐于野，大隐于市的哲学思想。层层变化的空间的合理引导让人产生记忆深刻的印象。

手法与材质

建筑主体由白色铝板，配合超白玻璃和白色穿孔铝板为主立面效果，在强化了空间的同时让建筑愈加的纯粹自然。加上白色柱廊的点缀让建筑在这份干净上又充满了变化，完成了科技感与自然亲切感的相互交融。超白玻璃和铝板配合穿孔板在不同光线下对周围环境也形成了丰富多变、深浅不一的光影效果，形成了建筑对环境主观的反映和融入。

形态与体量

在面对街角场地的时候为了避免张扬，圆弧成为了我们的首选，圆弧有一种与生俱来的特质，在外侧看给人一种优美感，在内侧看给人一种向心感，与中心水庭通过虚实空间的来回变换实现南厅北山，隔水相望的状态。

经济技术指标：

地上计算容积率建筑面积：1198.06m^2

绿化率：20%

主要技术创新点：

建筑表皮采用白色穿孔铝板，多角度折板营造丰富的光影变化，通透且纯净。

中庭上覆纯粹白色屋面板，主体屋面出挑深远，彼此结构融合于装饰柱中，疏疏帘幕营造超现实意味的园林图景。

武汉光谷正荣府

开发单位：正荣集团 · 武汉正楚置业发展有限公司

设计单位：基准方中建筑设计有限公司

主创人员：蒋盼、蔡嗣坚、李鹏、黄文平、陈勇平、陈子轩、杨晨

设计时间：2019 年 10 月

项目地点：武汉市东湖高新区流芳园横路

项目阶段：建成项目

项目规模：140950.77m^2

项目类别：住宅

[1] 沿街透视图
[2] 幼儿园效果图
[3] 鸟瞰图
[4] 叠拼别墅效果图

[1]

[2]

[3]

[4]

项目简介：

项目位于武汉东湖新技术开发区光谷中心城片区，流芳园横路与豹溪路交汇处，交通便捷。基地西侧为光谷景观绿化走廊，基地东侧为公园，景观资源丰富。基地现状为长方形荒地，基地东高西低，南高北低。整个开发区以信息电子、IT、大小型产业园作为主要经济产业链，同时包含各类生态生活区、大小型商业及大学城构成适宜居住的生态圈。

设计说明：

规划充分利用场地条件，满足理想化的住宅设计，建筑以正南北向布局，以“打造城市户形象，提供社区景观资源，营造城市天际线”为目标。并充分考虑地块周边不利因素对本项目的影响，住宅规划布局组团化，板点结合，营造收放有序的空间，组团空间张弛有度，尺度宜人，为居民创造良好的生态居住环境。

创新产品设计

户型单元设计也旨在维护私人领地的尊崇性，避免各单元间的对视，并精心为每户私密空间打造独享广景的飘窗视野。

户型平面满足级配合理，得房率控制，万能拼接，大面宽，多开间，模块化处理等基本要求。

并在设计中融入更多生活场景：如海纳收藏夹，全生命周期即百变空间的设计等。

最终我们更是思考在经过市场考验，成熟度高的户型基础上进行局部创新演变。

立面设计

目标：去同质化，辨识度高，形成标志性特色。有深厚历史积淀的，凸显地标性的精致且有品质的作品，追求品质感。

本项目住宅楼设计为现代简约风格。

顶部——建筑头部不做过多造型处理，形成简洁宽大的收头，整体简洁明快。

中段——主墙身的竖向分隔，使比例典雅和谐，强调出挺拔感；简洁的横向线脚则增加水平分段，体现尺度感。

底部——错落的建筑基座，并增加细部装饰。线脚细腻、材质厚实，使建筑稳稳站立于地面。

外立面材料

住宅外立面由浅色仿砂岩真石漆、深灰色真石漆和米黄色真石漆装饰而成。

商业外立面主要为浅色仿砂岩真石漆，米黄色真石漆、深灰色真石漆和白色玻璃等材料。

经济技术指标：

总用地面积：62781.68m^2

规划净用地面积：46494.45m^2

总建筑面积：140950.77m^2

计算容积率建筑面积：97638.35m^2

容积率：2.10

建筑基地面积：11352.38m^2

建筑密度：24.42%

绿地率：30.1%

主要技术创新点：

武汉光谷正荣府以科技光源为出发点，作为整体方案的设计语言，采用现代空间手法，让地形变成雕塑感十足的艺术场地，通过简约线条与平面的勾勒，创造出品质生活的无限延伸；通过空间与光影艺术的融合，将时尚、科技、未来、质感表达得淋漓尽致。

北京新城·熙红印项目

开发单位： 北京新城鸿熙房地产开发有限公司

设计单位： 广州怡境景观设计有限公司

主创人员： 何成敏、佟铁男

设计时间： 2020 年 5—7 月

建成时间： 2020 年 10 月

项目地点： 北京市大兴区西红门镇

项目阶段： 建成项目

项目规模： 3600m^2

项目类别： 住宅

[1] 售楼处精装沙盘区实景图
[2] 售楼处前场实景图
[3] 鸟瞰图
[4] 景观后场诗人的花园实景图
[5] 售楼处前场入口景观实景图
[6] 售楼处前场景观园路实景图

[1]

[2]

[3]

[5]

[4]

[6]

项目简介：

项目位于北京市大兴区西红门镇，周边交通便捷，资源丰富，配套齐全。此景观设计灵感起源于蒙太奇的艺术手法，将多元艺术主题融入城市画廊，呈现一个流动的艺术画廊。项目分为两个板块，前场采用纯净的镜面水景，后场则是艺术化的景观空间，把人从室内引向室外，让景观引领健康生活。

设计说明：

场地以“极简”为切入点，将艺术融入其中，试图探寻艺术与生活的联系与互通，艺术源自生活，生活成就艺术，我们试图将艺术与生活融合，营造别样的体验空间。将场地塑造为一条流动的艺术画廊，利用蒙太奇原理，将大地艺术、现代抽象艺术、超现实主义及印象派四种不同的艺术思潮融入画廊之中，同时渗透功能，提升空间使用价值；熙红印项目方案创新性强，以电影的经典手法“蒙太奇”为造景方式，不断演绎传统经典艺术在生活中的意义体现，景观、建筑与室内一体化立意下打造新的城市标杆示范区，可视化图纸与施工呈现无缝衔接，保证了项目整体的落地效果。

熙红印项目于设计而言，是一次深刻的碰撞——传统与现代基调的碰撞，自然与几何形体的碰撞，经典艺术与生活演绎的碰撞。在去风格化的设计场地中，纯粹地表达艺术对生活的积极意义，艺术并非只具有观赏的价值，其更具有提升、美化生活之蕴涵，熙红印项目的诞生，是对艺术更深层次的挖掘，也是对艺术更为人性化的诠释，让体验者更深刻地感受到，艺术对生活衍生出的巨大价值。

经济技术指标：

总占地面积：3600m^2

景观设计面积：3000m^2

绿化率：42%

主要技术创新点：

熙红印项目示范区景观功能性强，在占地仅有传统示范区景观面积三分之一的极小空间范围内，实现了停车场、前场、中庭、后场（含户外洽谈区）等功能性空间，运用极简的设计手法，实现各个功能空间与售楼中心建筑的有机结合。材料上根据不同空间尺度及功能属性，采用穿孔板、镜面玻璃、非洲柚木等特性明显的材料，将现代艺术与景观生活完美契合地展现出来。

新城正定 · 正弘府

开发单位： 石家庄新城鸿泽房地产开发有限公司
设计单位： 上海魏玛景观规划设计有限公司
主创人员： 陆春竹、薛敏敏、朱博扬、段红红
设计时间： 2020 年
建成时间： 2023 年 11 月
项目地点： 石家庄正定县
项目阶段： 在建项目
项目类别： 住宅

[1] 售楼处室内沙盘区效果图
[2] 建筑规划鸟瞰图
[3] 售楼处室内洽谈区效果图
[4] 示范区景观入口效果图
[5] 售楼处室内门厅效果图
[6] 示范区景观前场效果图

项目简介：

项目地处正定县，为河北省省辖市，位于河北省西南部、华北平原中部的冀中平原，为国家历史文化名城，中国民间艺术之乡。正定县南侧紧贴石家庄市，高速、客运专线、铁路、航空交通网发达，距新元高速正定口 1.5km 上高速。往北 16km 即可到达机场，往南 14km 即可到达石家庄主城区。

正定县重点向西、向北扩展，古城区域实施保护。本项目位于县城发展区，未来区域发展优势明显。基地位于正定古城区正北侧，位于正定核心板块铁东板块；板块内 3km^2 范围内有多个学校、医院、商圈，均集中在场地南侧的主城区范围内。正在建设中的正定九中紧贴场地西侧。

规划通过现代建筑设计手法与艺术审美的高度结合；改善原有化工厂现存现状，提高人居环境质量，美化城市风貌；打造以“高品质居住环境、多元化户型选择、乐享仪式生活感”为核心的新中式居住区。

[1]

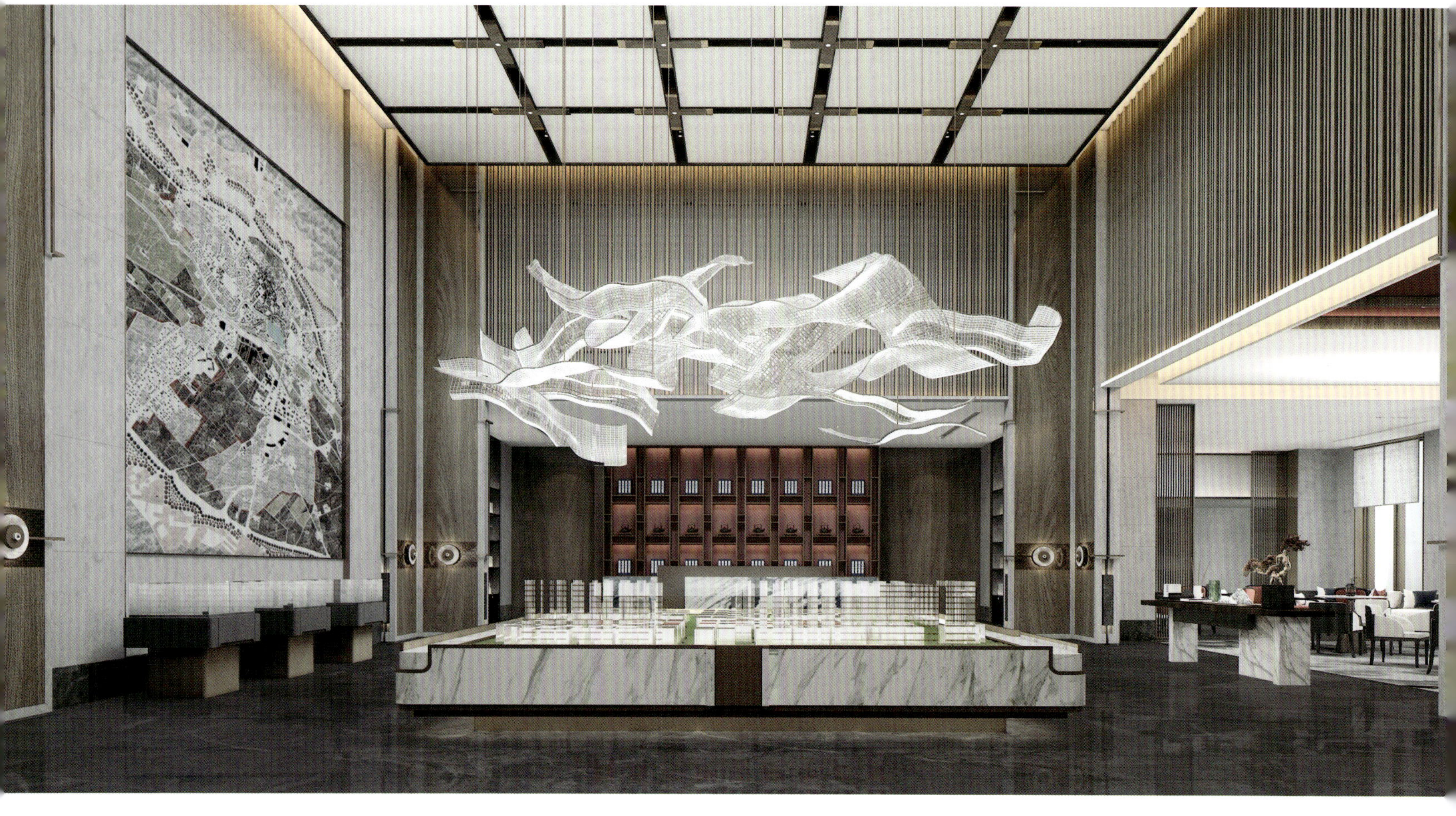

[2]

[3]

[4]

[5]

[6]

设计说明：

设计理念是根据古典文学名著《红楼梦》中所描绘的“金门玉户神仙府，桂殿兰宫妃子家”的荣国府为设计源起，以“梦回红楼”为设计理念，大观园作为整个设计脉络贯穿示范区——四海大观，在这里我们将重回红楼梦的场景，以皇家贵气为依托，融合文人雅居手法，沉淀东方大美惊艳设计，赋予场所以新的生命和意义。在追名逐利的年月，中式院落，给业主一个理想的居所。

园区以“一街、两府、两环、三轴、八景”为景观脉络，以皇家贵气为依托，融合文人雅居手法，沉淀东方大美惊艳设计，赋予场所以新的生命和意义。园区悦享“八景”，分别为：仪门入户（仪式主入口）、礼仪中轴（仪式景观轴）、荣禧会客（中央会客厅）、浮阳绿茵（阳光草坪剧场）、乐而忘返（复合活动场地）、童趣嬉游（儿童活动区）、书卷香茗（四点半学堂）、花庭漫径(宅间漫步道)。人们置身园区里能够享受专属体验。

园区在功能空间上，设置了社区前场、社区门厅、社区空间、组团空间、邻里空间和宅前空间，空间类型丰富，服务业主的各项需求。一条横轴，两条纵轴、两条慢跑环道串联其他景观节点的形式展开，形成了高低动静不同组团中形式各异的空间格局。

植物设计方面将空间打造成精致、典雅意境，形成静谧而悠闲的景观空间。整体营造出“树茂花香，四季不同景”的优美园林景象，让业主感受到年年花开，时时花开的视觉感官享受。

经济技术指标：

规划总用地面积：70536.80m^2

总建筑面积：188090.11m^2

建筑密度：20.87%（＜30%）

计算容积率：2.00（≤2.00）

户数：1278 户（$S_{建}$≤90m^2,96 户；90m^2＜$S_{建}$≤140m^2，1162 户；140m^2＜$S_{建}$≤200m^2，20 户）

机动车停车位：1238 辆（140 户型以下按照 1 辆 / 户、140 户型以上按照 1.6 辆 / 户、配套商业设施 0.4 辆 /100m^2；幼儿园按照 100 师生 /0.8 辆，保障房按照 100m^2/0.4 辆）

成都新力·曦悦

开发单位：新力控股（集团）有限公司
设计单位：深圳市辰曼景观与建筑设计有限公司
主创人员：吴旻鹭、Jeremy、张启泉、何娜
设计时间：2019 年 6 月
建成时间：2020 年 6 月
项目地点：四川省成都市青羊区
项目阶段：在建项目
项目规模：20000m^2
项目类别：住宅

[1] 大门实景图 1
[2] 跌水空间实景图 1
[3] 跌水空间实景图 2
[4] 大门实景图 2

项目简介：

项目位于成都市·青羊区，在三环路与成都绕城高速之间，属于金沙板块。项目西邻成飞大道，南临瑞联东路，交通便利；周围成都妇女儿童中心医院、成都实验小学、万达广场、龙道室内高尔夫俱乐部等教育、医疗、娱乐配套设施相对完善，生活氛围浓厚，项目基地距清水河公园 3.6km，自然资源优越。是新力在西南首个悦系 TOP 级产品。小区内规划了无边际泳池、长约 400m 的音乐灯光跑道、篮球场等、羽毛球场、宠物乐园等全龄服务设施。双季中央草坪，保证园中四季常青。此外，销售中心之后将改造成会所，引入健身房、咖啡厅、瑜伽室等消费场景，仅对业主开放。高品质的社交配置，营造丰富的社群生活，传递出新力·曦悦独有的高品质人居诉求。

[1]

[2]

[3]

[4]

设计说明：

新力曦悦景观设计提取了建筑现代简约的元素，结合自然光的艺术，营造出众星逐月兮揽光华般的艺术氛围，在空间交错中延续光的艺术，将建筑与景观重组糅合，营造出现代极简的艺术化空间环境。

景观分布在门庭逐光，水光一色，云林泉光，浮光掠影，茶光映林，光影沉碧的空间交错中延续光的艺术，无形中引导人的动线。

主入口门廊整体界面纯净而极致，高 5m 多，横向 42m 的超长体量，在现代简洁的白色直线墙体上，交错着弧面的景墙，细腻的质感与极简风格的融汇，打破了整体的单调性；顶部点缀的弧形灯光组合，为门廊增添艺术的柔和感。

映衬建筑的镜面水景将建筑、室内和景观串联起来，视觉上得到无限延展。精神堡垒中的跌水从高处倾泻而下，穿过框景，流入前场水景中，带动了整个场景的气势和灵动。

粼粼波光和潺潺流水击打着轻快的音符，水与玻璃映衬着斑驳的树影，光波荡漾的涟漪，在跌水区错落有致地波动。

无边界透明泳池的池壁由玻璃制成，潜入水中能看到外面的世界，泳池旁依旧可望水中身影。

整洁干净的大草坪一直延续到会客厅，呈现中轴线的空间感，是归家动线中的自然过渡，预示着家的宁静与温馨。

品茗与品酒的邻里互动空间，简约精致，营造轻松的生活氛围，人可以静下心来感受独处、或三五知己交谈、或是斜阳里的下午茶时光。

山水入画，人在画中游。新力曦悦打造融汇自然的生活体验。在这里，筑梦而居，一草一木，一墙一瓦，一期一会造就了流连忘返的天府之城。

经济技术指标：

规划建设净用地面积 23961.65m^2，容积率 2.00，绿地率 30%。

主要技术创新点：

1. 入口大门，42m 的超长体量，交错运用弧形的石材和玻璃门，打破了整体的单调性。
2. 以 13m 高的跌水结合精神堡垒，水从高处倾泻而下，穿过框景，具有超强的吸睛感。
3. 跌水区水景，采用玻璃错落布置，形成有致的波动。
4. 无边泳池，一侧采用玻璃作为收边，增强无边感。

洪大新力 · 合悦滨江

开发单位：新力控股（集团）有限公司

设计单位：广州宝贤华瀚建筑工程设计有限公司

主创人员：刘俊、聂洪超、肖剑、陈安根、赖艺、周新春、罗鸣天

设计时间：2020 年 3 月

建成时间：在建

项目地点：南昌县

项目阶段：在建项目

项目规模：23.33 万 m^2

项目类别：住宅、商业

[1] 展示区实景图 1
[2] 展示区实景图 2
[3] 鸟瞰图
[4] 展示区实景图 3
[5] 展示区实景图 4

[1]

[2]

[3]

[4]

[5]

项目简介：

项目位于南昌县，沿江南大道以东，象湖三路以北。用地面积 69838.0m^2，容积率 2.5，建筑密度≤ 25%，绿地率≥ 35%，规划 13 栋高层住宅，1 栋 23F 办公，1 栋幼儿园，1 栋独立商业配套。

设计说明：

总图规划：形成独特的城市肌理

高层住宅的大间距，创造出中心大景观的空间形态。规划立足实际，面向未来，在规划设计时合理分配资源。按照高起点、高质量、高标准的原则进行合理分区和功能布局。同时面向住宅自然生态，正确处理规划中自然效益与经济效益、超前性与操作性之间的关系，实现自然景观与人文景观、时代特色与地方特色、近期与远期的有机结合。

道路交通组织设计

小区机动车直接进入地下车库，在坚持人车分流、安全高效原则的同时，对道路结构的形态和尺度也进行研究，以便塑造合理的空间秩序、美观的布局形态。

绿化景观系统设计

绿化景观系统设计运用整体规划理念，通过点线面多层次绿化，将建筑与景观结合为一体。每个住宅小组团，围绕中央的大型景观花园。为每位住户提供全方位的景观视野，同时保证居住区内部的私密性。

建筑设计

住宅的立面造型，设计为现代风格。通过形体对称，协调比例等手法，将古典的比例与现代的气质结合在一起。基座部分采用木纹石材，结合米白色真石漆，形成尊贵大气的基座形象；上部采用暖灰色外墙涂料，形成大气、简洁的外立面造型。

经济技术指标：

规划总用地面积：69838m^2

总建筑面积：233760.22m^2

计算容积率建筑面积：174595.00m^2（住宅面积 150518.12m^2，办公 14448.18，沿街商业面积 3072.82m^2，配套面积 6555.88m^2）

不计算容积率建筑面积：59165.22m^2

容积率：2.50

绿地率：35.01%

建筑密度：18.46%

总户数：1288 户

机动车停车位：1781 个

非机动车停车位：1278 个

南昌新力东园

开发单位：新力控股（集团）有限公司
设计单位：南昌大学设计研究院
主创人员：李永玉、王小明、戴鑫鑫
设计时间：2018 年 1 月
建成时间：2021 年 4 月
项目地点：南昌市九龙湖新区
项目阶段：建成项目
项目规模：32539.67m^2
项目类别：住宅、商业

［1］实景图 1
［2］实景图 2
［3］实景图 3
［4］实景图 4
［5］实景图 5

项目简介：

项目位于江西省南昌市九龙湖片区，东临龙虎山大道，北至风顺西街，西至青原山路、南街上饶大街。项目所在区域是南昌城市南延重点区域，省级行政中心 、城市副中心、高起点规划板块，优先打造的城市形象窗口。目前区域内各类市政配套陆续投入使用，如国体中心、西客站、汽车站西站、国博中心、融创城、杉杉奥特莱斯、地铁 2 号线 /4 号线等。规划导入 50 万 ~70 万人口，项目所处的九龙湖起步区 30.8km^2，目标打造成 30 万人口城市副中心。

设计说明：

南昌新力东园位于九龙湖新区龙虎山大道与上饶大道交汇处，是以高层住宅为主，兼具公寓、底商、会所等多种业态的住宅地块。建筑设计上色彩明快、黄金比例，将情怀与艺术完美融合至建筑线条内，整体建筑空间结合玻璃幕墙通透灵动，凸显了东园自身的独特个性，赋予了全新的极简主义建筑含

［1］

义。小区规划本着以人为本的原则，规划布局以点式方式为主，讲究建筑的序列空间，采用围合化的建筑布局，以大纵深宽面幅的中央景观为核心，使所有建筑都可面对一个有着很强视野深度的公园化绿色环境，在有限的土地上以新古典主义的建筑风格打造一个古典精神、现代外衣的居住小区。

经济技术指标：

征地面积：112316.66m^2
用地面积：112316.66m^2
总建筑面积：325396.67m^2
地上计算容积率建筑面积：247045.02m^2（按照规划设计条件要求≤ 247096.65m^2）
不计算容积率建筑面积：78351.65m^2
建筑占地面积：15109.65m^2
建筑密度：13.45%（按照规划设计条件要求≤ 28%）
总户数：1584 户
总人数：5069 人（户均按 3.2 人计算）
容积率：2.20（按照规划设计条件要求≤ 2.2）
人防面积：9638.16m^2
绿地率：32%（按照规划设计条件要求≥ 32%）
室外活动场地：1552.50m^2
机动车停车位：2065 个
非机动车停车位：1751 个

主要技术创新点：

南昌·新力东园规划设计立足于南昌市红谷滩新区九龙湖片区的优质社会配套和自然资源，以中国传统文化中门仪递进为根基，融入现代文化，重塑符合现代审美的东方礼序，创造独特的“九境东园”。以街为迎，将商业作为归家路径的起点；门为礼，打造尊贵的大门形象；庭为序，层层递进的序列感空间，营造大气的中轴空间；径为趣，园中小路曲径通幽、移步异景打造趣味多变的归家路径；园为和，提供舒适的健身、亲子、交流空间，营造其乐融融的气氛。
南昌·新力东园建筑设计上色彩明快、黄金比例，凸显设计师与业主简洁高雅的品位；设计师在建筑中寻求当代悠然、极简主义的情怀寄托，将情怀与艺术完美融合至建筑线条内，整体建筑空间结合玻璃幕墙通透灵动，凸显了东园自身的独特个性，赋予了极简主义全新的建筑含义。

[2]

[4]

[3]

[5]

平潭新力鼎新金海湾

开发单位： 新力控股（集团）有限公司

设计单位： 上海中福建筑设计院有限公司、上海万境景观规划设计有限公司、上海牧笛室内设计工程有限公司

主创人员： 建筑：吴建舟、陈蔡伟、郑芳敏

景观：宿华东

室内：王典爱

设计时间： 2019 年

项目地点： 福建省平潭县

项目阶段： 在建项目

项目规模： 总建约 184000m^2

项目类别： 住宅

[1] 鸟瞰图

[2] 售楼部实景图

[3] 售楼部接待区

[4] 星光阅读栈

[5] 展示区入口实景图

项目简介：

金海湾项目位于平潭县金井二路和天大北路（诚意路）交叉口西北侧。平潭县为福建省福州市下辖县，简称“岚”，俗称海坛，位于福建省东部，与台湾隔台湾海峡相望，主岛海坛岛也是著名的渔业基地。项目用地毗邻天牛河，风景优美，距离平潭汽车站较近，交通便利。规划总用地面积 48618.00m^2，容积率 2.9，绿地率为 38%，该项目用地形状比较规则，地势平坦。

项目立足于平潭综合实验区的发展战略思想，面向现代化，高起点开发，与城市整体有良好结合，形成合理的功能分区和道路布局，创造高质量现代化居住小区。结合地区现实条件，适应地区经济的长远发展要求。体现“以人为本”的设计理念，以人的活动为中心，创造一流的人居环境，实现经济效益，社会效益和环境效益三者和谐统一。

金海湾项目主要以 19~33 层一类高层为主。户型为一梯四户。主力户型面积为 89m^2（三房两厅两卫）、106m^2（三房两厅两卫）、119m^2（三房两厅两卫）、134m^2（四房两厅两卫）。项目配备生鲜超市、沿街商业网点、物业管理用房、养老服务用房、健身房、书吧、茶室、咖啡厅等配套用房。

[1]

[3]

[2]

[4]

设计说明：

户型设计亮点：一、户型方正紧凑得房率高。二、主卧配备独立更衣卫生间，尽享私密生活。三、两卫设计，舒适宽敞。四、南北双阳台，生活与观景二者均可享受。五、动静分明，客厅与卧室分区明确。六、入口玄关，尽享收纳与礼仪空间。七、卧室配备超大飘窗，观景、休憩、采光多种优势。

配套设计亮点：项目配备生鲜超市、沿街商业网点、物业管理用房、养老服务用房、健身房、书吧、茶室、咖啡厅等配套用房。项目配套完善，集生活、休闲、商业、办公、居住为一体。室外配备环形步道、老人活动场地、儿童活动场地、室外健身场地等趣味空间。

项目景观设计上，汲取西方景观优点，以中式园林景观思想为内核“虽为人作，宛自天成”，从规划及建筑设计角度出发，关注人的使用，即与作为自然和社会混合物的人与周边环境的关系，体现传统文化对“自然美”的重视。

金海湾项目围绕八大核心概念布局整体景观。核心一：迎宾入口。运用简洁大方的线条，彰显品质感的材质营造入口大门的迎宾归属感，通过对称景观打造中轴的仪式感。核心二：景观会客厅。位于园区核心位置，也是整个小区的中心活动区域，结合阳光大草坪布置，围绕景观客厅，不同年龄阶段的人可在此进行不同的活动。核心三：乐玩天地。在儿童活动场地中，根据 0~3 岁、3~6 岁、6~12 岁三个阶层儿童的活动划分活动区域，根据园区打造不同的活动主题，营造童乐童享、充满活力的趣味场地。核心四：长者乐园。将老人的活动渗透到社区的每一个角落。让老年人能够全时段、全区域、全类型地参与到社区的各种活动中来。结合各个空间增加座椅，为老人提供休息场所。核心五：宅间休闲。利用建筑之间景观空间打造宅间休闲空间，包含邻里交流平台、宅前会客场所等，通过小空间营造坐凳与植物围合的场所，为邻里交往提供一个惬意休闲的空间。核心六：活力地带。结合场地消防登高面设置运动场地，布置多种活动空间，满足多种活动需求，使登高面空间最大化利用。核心七：萌宠乐园。增加园区新型功能场所，打造专属宠物的活动空间，增加宠物与主人之间的亲密互动。布置在园区隐蔽位置，周围用植物稍加遮挡。核心八：室内志趣社。为社区增加更多室内活动空间。

经济技术指标：

规划总用地面积：48618.00m^2

总建筑面积：184154.59m^2

计算容积率建筑面积：140992.2m^2（住宅面积 131964.71m^2，商业面积 4084.31m^2，配套面积 2059.54m^2）

不计算容积率建筑面积：43162.39m^2

容积率：2.9

绿地率：38%

建筑密度：19.99%

总户数：1192 户

机动车停车位：1328 个

非机动车停车位：2239 个

主要技术创新点：

少即是多是德国现代建筑大师路密斯・凡德罗提出的建筑设计理念，现代建筑史上最为经典的名言：less is more。“少”不是空白而是精简，“多”不是拥挤而是完美。在他的建筑中从室内装饰到家具，都要精简到不能再精简的绝对境界，使建筑本身升华为建筑艺术。金海湾项目以少即是多为建筑设计理念，采用简洁的手法与现代建筑语言，摒弃繁杂的建筑装饰，既节约材料符合可持续发展的国家大计，又体现出现代建筑设计的造型之美。在建筑、景观、材料上精挑细选与切磋琢磨，做到少而精致。

金海湾项目在建筑立面设计上，采用简约的现代建筑风格，以简洁的建筑手法阐释设计师心中的建筑，结合景观设计形成富有现代气息与传统典雅结合的完美建筑，充分展现平潭现代化的城市面貌。建筑主要采用横线线条的手法，体现建筑的内在层叠关系。玻璃幕墙与屋顶构架体现建筑的轻盈感与现代感。主要色彩以白色骨干，以黑色为底，LOWE 玻璃为面，纯净而不失高雅。售楼处与大门等低层建筑采用体块穿插与线条折叠的手法，在建筑内外交界处形成灰空间，结合景观形成富有趣味的建筑体验。在细节处理上，采用石材、金属、木材等多种材质，配合灯光与水景充分展示建筑的体量之美。

[5]

无锡新力 · 翡翠湾

开发单位： 新力控股（集团）有限公司
设计单位： 江苏博森建筑设计有限公司、上海柏亚景观规划设计事务所
主创人员： 建筑：冯富旺、朱旻、邱亦锦
景观：杨喜凤、赖键
项目地点： 无锡市滨湖区胡埭镇
项目阶段： 在建项目
项目规模： 总建筑面积 215202.56m^2
项目类别： 住宅

[1] 售楼处入口
[2] 售楼处水景
[3] 前场水景 1
[4] 前场水景 2
[5] 后场景观

项目简介：

新力无锡翡翠湾基地位于无锡标杆发展区域滨湖区，为无锡城市发展新中心，具有五大优势。（1）太湖之畔，滨湖城市高地，本案坐落滨湖区胡埭片区，为滨湖区高端制造业基地、锡西地区工业化新市镇，城市主城“西拓”潜力发展片区。（2）山水环伺，生态宜居胜地，本案 5km 范围内，北侧为阳山景区、东南侧为十八湾景区、湿地公园及高尔夫假日俱乐部，生态环境突出，人文底蕴浓郁、健康宜居，山水资源无可复制。（3）产城融合，高端产业聚集，产业转型升级、城镇功能提升、宜居环境创优。（4）交通条件发达，项目紧邻钱胡路，连接西环路，内通达市中心、太蠡新城核心商业区，邻近沪宜高速入口。（5）成熟配套，畅享中心繁华，生活配套——项目 1km 范围涵盖医疗、教育、老街商业，3km 范围：胡埭镇配套全覆盖，包括商业（富安广场）、教育（胡埭中心小学、胡埭中学、立人高中）、医疗（锡西新城医院）、休闲（人民公园）。地块南至环镇北路，东至振胡路，西至规划道路，北至钱胡路，

[1]

总占地面积约 80014m²，展示区占地面积 12943m²，计算容积率面积约 160028m²。项目地块距离市政府直线距离约 25km，距离无锡站直线 20km。

设计说明：

规划住宅建筑均为 18 层，北侧建筑布局沿城市道路方向，形成统一有序的城市界面。其他部分建筑朝向平行于南侧道路，规划以两条规划主轴线为骨架，核心景观为中心构建住宅组团。中心区域布置一梯两户 131m² 及 146m² 户型，其他位置均为两梯四户 90、115 户型。规划注重城市界面的打造，避免压迫感和视线影响，通过空间收放和错落形成丰富的院落形态。

住宅的布置除了考虑日照朝向、间距等因素外，我们重点考虑的是通过合理的景观营造，围合出积极有效的建筑外部组团空间，使整个空间非常生动、自然地围合成积极有效的功能空间，建立起明确有力的空间秩序，结合道路布置，围合出中心景观空间及院落空间景观，它将会是居民乐意散步休闲的好地方。设计中始终以“人居”为基准点，追求居住的舒适度与品位，同时建立社区的独特性，将“以人为本、科学居住、健康生活”贯穿于设计的全过程。强调建筑的线条与体块的对比和变化，完善体量的同时，又强调出建筑的高贵、自然，极富修饰感。此外，设计时不能只关注南立面，或沿街立面，而是每个面，甚至包括屋顶面都应该被好好推敲。在设计中，很好地用建筑语汇诠释了这些建筑形态设计的基本原则。考虑与周边小区及已建成小区之间的协调与呼应。

立面风格现代、简洁。强调水平线条的舒展延伸，凸显建筑的大气、庄重。

住宅主要部位的选材为涂料，入户门厅为石材。

配套公建外墙为涂料。

建筑色彩采用了典雅的米白与暖灰色搭配。

经济技术指标：

总用地面积：80014m²

总建筑面积：215202.56m²

容积率：1.99

建筑密度：24.9%

绿地率：35.1%

总户数：1412 户

机动车停车位：1603 个

非机动车停车位：2707.6m²

[2]

[3]

[4]

[5]

云龙湖 · 正荣府

开发单位： 正荣集团

设计单位： PTA 上海柏涛

主创人员： 胡桥、翟鹏翔、曲满航、王兴龙、郭佩宇

设计时间： 2020 年 3 月

建成时间： 在建

项目地点： 江苏徐州

项目阶段： 在建项目

项目规模： 计算容积率建筑面积 65957.70m^2

项目类别： 住宅

[1] 鸟瞰图
[2] 学校效果图
[3] 沿街效果图
[4] 105 户型餐客厅实景图
[5] 129 户型餐客实景图图
[6] 105 户型客厅实景
[7] 129 户型餐厅实景图

[1]

[2]

[3]

项目简介：

地块位于玉带大道西侧彭城欢乐世界南，距徐州东站约 17.7km、徐州站 9km；距离地铁路窝站 2.5km。项目用地面积 43971.80m^2，计算容积率建筑面积 65957.70m^2，容积率 0.8~1.5。项目从整体出发，对外强调基地对城市空间的协调性，对内强调基地内部空间的系统性，构筑整体有机、和谐共生的空间形态。在长三角经济发展腾飞的大环境下，徐州的园林文化也得到了进一步的完善和补充。我们在本小区的规划设计中提出了“诗意生活，园林栖居”的景观主题，将整个小区处理为园林景观，使得整个小区处处皆景，推窗见景，步移景异，体现出设计均好性的原则。我们致力于在本小区打造一个人性化的生活空间。根据以人为本的设计原则，强调住宅的均好性。巧妙布局，采用大尺度景观轴网，因地制宜地营造出清晰的组团结构和小区环境特色。整个景观设计强调整体的人文关怀，无论是空间的开与合、节奏的变化、色彩的韵律都遵循简洁的原则，使景观显得大气，感觉更加舒适。不仅要体现出苏北的文化气息，同时还要彰显出本小区与众不同的典雅气质。

设计说明：

本项目布置有洋房、学校及居住配套，每个功能单元布局合理，功能明确，动静分区，景观轴线明确，交通流线合理。小区景观呈中轴对称布局，使得场地内部视觉空间更通透，提升小区景观品质，通风日照条件更好。地块机动车道设置于出入口两侧，秉持人车分流、坚持安全高效的原则。同时，对道路结构的形态和尺度也进行研究，塑造合理的空间感受、便捷的归家流线。

项目在设计中营造了多层次立体的景观生态环境，景观组团的变化给组团区域内单体建筑带来景观性的空间趣味和节奏。小区中心花园，配置多种乔木、灌木和各种花草，合理规划水系、雕塑、花架、小品、儿童嬉戏场所及晨练广场等景观，可游、可观、可赏、可嬉，形成区块的景观中心。小区周边地形向外缓坡，同时配合种植低矮乔木、灌木、草坪，从高到低、从木本植物到草本植物，共同构成种类丰富的社区园林景观。

住宅的立面造型，通过形体对称，协调比例等手法，将古典的比例与现代的气质结合在一起。

处理好住宅的隔声、通风、采光和体型设计，注重节地、节能、

节材措施，重视住宅防水产品的采用。

重视厨卫的功能设计和整体设计，管线集中设置，促进成套产品的开发应用。重视住宅群体空间特色设计和住宅尺度设计，与整体形象和文化氛围相协调。 满足居住生活的多样性和个性化的需求，加强住宅的可变性和灵活性，提供多种户型可选择性，为适应性强的经济型住宅。

经济技术指标：

总用地面积：43971.80m^2

总建筑面积：93543.00m^2

地上建筑面积：68553.98m^2

计算容积率建筑面积：65957.70m^2

地上不计算容积率面积：2596.28m^2

地下建筑总面积：24989.02m^2

总机动车停车位：792 辆（1.2 辆 /100m^2）

非机动车停车位：1320 辆（2 辆 /100m^2）

占地面积：13059.60m^2

建筑密度：29.70%（≤ 30%）

总户数：564 户

居住人数：1805 人

文化活动场地：542m^2（0.3m^2/ 人）

中心绿地：903m^2（0.5m^2/ 人）

容积率：1.50（1.1~1.5）

绿地率：30.10%（≥ 30%）

主要技术创新点：

项目坐落在多个山地之间，北临玉带河，山水之间，十分宜居。整个设计强调整体的人文关怀，无论是空间布置、节奏变化、色彩韵律都简洁有力，大气开合，整体彰显出居住区独特的典雅气质。设计中我们以中轴对称去塑造礼序空间。回归中式传统居住空间，承袭传统园林体验，空间不是“一望而知”，而是如同卷轴画一般，随着路径的深入徐徐展开，起承转合，有门、有巷、有院、有墙。

项目规划设计了九重花园，韵味迥异，多个小区节点设计，景观布置坚持以人为本的理念，充分利用景观空间，关怀多年龄层次人群，富有人情味。小区设有六重归家礼仪，创新设计了小区入口，机动车库口周围设置景墙规避了灯光和噪音污染，体现了人文关怀。绿植引领道路直到入户。

入户大堂创新地采用绿色大堂理念。两侧充满着自然绿色，入口大面积玻璃，将室外绿色引入室内。

小区户型采用超大客厅，满足人们天然对大空间的向往，超大飘窗、宽景阳台和低级节能手法使人们和自然更接近。守住生活本源，野望自然绿境。可行，可望，可游，可居，此四者是小区设计的核心关键。

[4]

[6]

[5]

[7]

正荣府花园

开发单位：正荣集团
设计单位：PTA 上海柏涛
主创人员：胡桥、翟鹏翔、于望、韩新宇、王盈盈
设计时间：2020 年 4 月
建成时间：在建
项目地点：江苏宿迁
项目阶段：在建项目
项目规模：总建筑面积约 367914.14m^2
项目类别：住宅

[1] 鸟瞰图
[2] 沿街效果图
[3] 售楼处实景图 1
[4] 售楼处实景图 2

[1]

[2]

项目简介：

项目基地位于江苏省宿迁市中心城区，临近市政府，在青海湖路与平安大道交汇处，紧靠青海湖路小学和青海湖路城市之家。项目周边基础设施完善，资源配套丰富。邻近两大医院，医疗配套完善；1km 内有大型公园，自然资源丰富；邻近有小学、中学，教育资源良好。项目规划建设用地面积 112213m^2，总建筑面积约 367914.14m^2，其中地上计算容积率总建筑面积 280532.50m^2，非计算容积率总建筑面积约 87381.64m^2，容积率不大于 2.5，总户数 2170 户。本项目由 1 栋 9 层多层住宅，9 栋 11 层多层住宅，1 栋 22 层高层住宅，1 栋 20 层高层住宅，1 栋 23 层高层住宅，11 栋 27 层高层住宅，地下机动车库等各类配套服务用房组成。

本项目立足于从宿城区的社会、经济、人文及自然环境特点出发，根据以人为本及可持续发展的原则，创造属于时代同时也属于地方的居住社区。总体规划将以优美的环境、新颖的造型和对现代生活的充分理解而成为本地区高端社区的设计典范。本次设计在造型上采用现代典雅立面风格，端庄大气，有品质感，更符合当下现代的生活方式。同时，建筑材料的使用也增强了建筑的识别性和个性。在建筑造型上我们注重与周边建筑文脉、城市肌理有机结合，注重群体形态的可识别性。

设计说明：

本项目重视优美社区环境的塑造，体现都市休闲生活理念，完美结合本地区文化特色与时代风貌，用现代建筑技术书写二者的对立统一。组织有效通畅的交通流线，将人文、景观双系统引进小区，并与市政道路无缝衔接。项目设计的重点在于考虑社区的居住生活和为居住生活的配套服务要求，以创造舒适低碳的绿色生活社区作为设计的主打方向，并结合宿迁市作为文化古城的悠久历史，打造现代与传统有机融合的新时代品质生活社区。

项目规划整体呈西高东低的布局，有较好的空间韵律感和城市形象，打造中央景观轴，考虑规划布局的均好性、合理性、人居的舒适性，整体提升区域居住品质，打造区域住宅标杆。造型设计注重与周边建筑文脉、城市肌理有机结合，注重群体形态的可识别性，三段式立面的整合穿插，实墙与玻璃的合理搭配，使建筑内部明亮、开放的同时，外部视觉亦干净清爽，符合现代人拒绝浪费，拒绝堆砌的理性精神，成为本

项目小区人文环境的有力支撑。

设计通过群体空间组合体现造型艺术美，整体轮廓高低变化，形成通畅的视觉通道，达到将建筑、景观融为一体，和谐相处的意境。景观设计与环境设计紧密结合，营造人文景观与自然景观交融的生态社区，从功能上净化与调节基地内的空气质量、降低外界噪声，改善小气候。采用点、线、面结合的方式，合理搭配树种，与水景、小品、建筑等形成优美整体的居住环境，提供居民良好的活动场地，做到户户临青，家家缘绿。

经济技术指标：

建设用地面积：112213.00m^2

容积率：2.50

总建筑面积：367550.10m^2

地上计算容积率面积：280532.50m^2

地上不计算容积率建筑面积：1776.60m^2

地下不计算容积率建筑面积：85241.00m^2

建筑密度：20.00%（≤ 20%）

绿地率：35.00%（≥ 35%）

住宅总户数：2168 户

非机动车停车位：5791 辆（≥ 2.0 车位 /100m^2，实需 5789 辆）

机动车停车位：2814 辆（≥ 1.2 车位 /100m^2，实需 2814 辆）

主要技术创新点：

项目位于历史厚重的宿迁市内，设计师从项目所在地的地理、自然条件和场所性出发，用当代的设计语言来完成人工造物与自然之间的对话，以此表明厚重的文化和历史需要精心的保护，同时也需要适当的创新和激活，设计师尝试在对立和冲突中寻找平衡，使旧者更旧，新者更新。

售楼处建筑以水为托，群林环绕，设计概念“漂浮的森林艺术馆”由此诞生。设计师巧妙借用浓密的法国梧桐行道树形成的城市界面，利用景墙隔断人行车行的喧杂，保留密集的树冠形象，通过水景投影以及镜面玻璃反射，产生森林包围的内部感受。构想了一个能够散发出轻盈感并为参观者带来静谧感受的空间，最大程度加强空气流通并保持对庭院空间的强烈视觉连接；简单的色彩被丰富的自然光软化，使空间充满温暖；同时，如仿石材铝板，灰色铝板等也给观者带来丰富的触觉感受。建筑整体为简约洁白的方盒造型。内部，空间纯净、流动而连续；外部，形体利落、透明而轻盈。徜徉而过，留在脑海里的或许只是一簇光影抑或是一种氛围。

建筑的体量设计从最简单的长方体出发，建筑体块的推敲从“简单”出发，以简单设计手法产生复杂和生动的视觉效果，令建筑和周边环境达到既整体又生动的动态平衡。不同于传统封闭式的方法，我们将入口体量拔高，从而后退形成进入售楼处的缓冲半围合口袋空间，也提升了入口的形象。一层超白玻璃的大面积使用创造了建筑漂浮于水面的轻盈感，与镜面水景交相辉映，展现出独特的界面，同时提供良好的观景视野。建筑内部空间的处理中，在建筑的垂直方向上，置入了不连续的“院落”来增强空间体验感，利用超白玻璃的幕墙将前场水景、内部空间、内天井景观完全渗透贯穿，淡化内外界线。通高的入口前庭给参观者留下难忘的第一印象，吸引更多人流，内部的镂空中庭更是给参与到空间中的参观者不断的小惊喜。水院空间是表达仪式性的重要节点，同时也是示范区形象展示的核心场所，通过记忆点空间的设置形成参观者认知的核心印象。整体流线将中庭及幕墙水景融入室内，形成环绕型动线，把中庭的四面景观展示进室内空间中，使来者如同游园般观赏。

[3]

[4]

名巨伴山

开发单位：博罗九村荣鸿富业实业有限公司
设计单位：中外建工程设计与顾问有限公司深圳分公司
主创人员：谢富强、吴志程、邵彦强、陈端、何晓博
设计时间：2017—2018 年
建成时间：示范区 2019 年，其他 2021 年
项目地点：广东省惠州市
项目阶段：建成项目
项目规模：总建筑面积 168871.05m^2
项目类别：住宅

[1] 儿童活动场地实景图
[2] 鸟瞰图
[3] 会所透视图

项目简介：

本项目位于广东惠州，用地被东山森林公园三面围合，且紧邻城市中心地带。项目旨在打造成高品质轻奢豪宅，成为惠州的标杆项目。根据场地高差较大的特点，项目设计成四级台地，既可实现山地开挖成本控制，又展现出趣味化的景观形象。建筑立面采用了仿铜铝板、木化石等材料，塑造具有现代东方意味的住区形象。

设计说明：

错落有致、依山造势的规划布局

13 栋建筑依山形成相呼应的两条“玉带”，既最大化引入周边优良山体景观，又实现花园的最大化，使建筑相互错开避

[1]

[2]

[3]

免对视。建筑群高低搭配，错落有致，如山林中生长；每个户型朝向为东南、西南或正南，朝向俱佳；设计四级台地消化场地较大的高差，降低土方，营造多元化景观。

公园气质的高品质楼盘

项目巧用高差，设置多层次景观平台，打造多元化的生活体验；人车完全分流、采光半地下室，打造公园景观式的驾车体验；5.9m 首层架空实现 360° 全景式体验入户；每个户型至少有一个景观大阳台，局部户型做通面宽阳台，户户 270° 公园盛景；半地下采光游泳池、慢跑道联系森林公园等打造圈层健康生活。

尊贵大气的社区形象和酒店化归家体验

轻盈舒展的大门向城市传达项目的典雅气质，并解决临街面窄、出入局促的问题，有效组织人车分流。从人行主入口、迎宾景观、酒店式社区大堂、台地景观，再到各架空层入户大堂，项目打造尊贵、多元的归家流线；从车行入口、景观式车行道、精装地下室出入口、再到地下大堂，车行归家体验不再单调。

多样性、轻奢性户型产品

每个套型不能少于三房。考虑到当前的二胎政策，小户型两房住宅考虑到养老、未婚等，产品满足多样需求；同面积户型做出不同品质，分布于不同单元；每个套型梯户比不能高于两梯四户；强调功能的精细化设计，主卧有衣帽间、主卫四件套、客卫干湿分离、玄关必有储藏柜；每户至少有一个敞开的景观面。针对高定位客群，项目设置南北通透、景观最大化的轻奢型 1T2 高层住宅，其中 13 号楼设置环绕式阳台和局部泳池楼层，打造天人合一的体验。

具有东方韵味的立面设计

项目转译传统建筑三段式形制，借助当地传统气息与山林资源，采用仿铜铝板、木化石等材料打造出温润低奢的立面；阳台仿铜横向线条在山林形成韵律感；开窗和大观景阳台，既最大化地引进山林景观，也使立面更通透轻盈。

经济技术指标：

总建筑面积：168871.05m^2

总占地面积：34058.00m^2

容积率：3.50

绿化率：30.00%

主要技术创新点：

1. 酒店式入户大堂，尊享大气典雅归家礼遇。
2. 全明采光无梁楼盖车库，打造公园景观化、自然节能的归家空间。
3. 半地下采光恒温泳池、连接周边公园的慢跑道，打造圈层健康生活。
4. 双首层入户大堂，打造多重归家体验。
5. 全面宽阳台，纵览山林美景。
6. 空中泳池，极致融合人与自然的关系。
7. 幕墙式玻璃栏板，呼应现代公建的美学原则。
8. 仿铜铝板、木化石等新型材料的运用，打造具有东方气韵的立面形象。

棠城壹号院

开发单位：重庆中梁永昇房地产开发有限公司
设计单位：上海方大建筑设计事务所
主创人员：周俊杰、沈峰峰、黄极
设计时间：2019 年 9 月
项目地点：重庆市永川区 108 省道与和畅大道西南侧
项目阶段：在建项目
项目规模：233973.42m^2
项目类别：住宅

[1] 鸟瞰图
[2] 售楼处小鸟瞰
[3] 洋房立面图
[4] 沿街透视 1
[5] 沿街透视 2
[6] 夜景鸟瞰图
[7] 沿街透视 1 夜景

项目简介：

项目用地位于重庆市永川区，北侧为居住用地，东侧紧临和畅大道，南侧为子庄小学，西侧为枫叶国际学校。配套齐全，环境优美，教育资源优良，地理位置优越。

建设功能：住宅、商业及居住区配套服务设施。

设计说明：

1. 根据使用功能要求，对总体布局进行精心设计

（1）依据城市规划管理条例，坚持可持续发展的战略方针，统一规划，分期实施，促进社会、经济、自然、生态的协调发展。

（2）坚持以人为本的设计指导思想，最大限度提供环境空间，创造理想的人居环境，打造高尚住宅小区。本项目有着强烈的设计倾向性，中式传统的强烈个性标示着其核心价值——一种近于诗意的旧时生活形态。在设计中在各个方面不断被提及、强化。

（3）加强规划区内公建设施配套，突出规划的可实施性。

（4）充分利用山地地形的自然形态，顺应等高线布置建筑，并使其错落有致，空间序列丰富变化，使建筑的组合与自

[1]

[2]

[4]

[3]

[5]

然、园林景观彼此交融，且有利于建筑节能。在回归中式院落的生活意念和精神境界同时，又吸纳了现代功能需求和流线，以符合现代人行为习惯的室内空间实现舒适的日常需求。其内在的空间布置，以室内外穿插交融的方式实现回归自然和野趣的生态化特征，延用地周边丰富的景观资源，实现内部连通，综合体现了中式文化的优势，建成可游可行的中式宅院。

（5）该项目钢筋混凝土的结构穿戴着金属质感屋面、玻璃落地窗、管式滴水，同时结合稳重的石材。它们以相同的体肤，不同的妆黛，眉目传情、顾盼生姿地构成了建筑的内外界面。

（6）综合考虑环境保护、防火安全、交通组织、用地分配、建筑节能、安保等因素。

2. 贯彻执行国家节约能源、环境保护的法规和政策，改善建筑室内热环境，提高空调的能源利用效率

经济技术指标：

建设用地面积：74406.00m^2

总建筑面积：233973.42m^2

总计算容积率建筑面积：171133.00m^2

容积率：2.30（≤2.3）

建筑密度：31.93%（≤35%）

绿地率：36.51%（≥35%）

停车位：1742.00（≥1718）（无障碍车位35辆）

注：1. 项目中住宅、倒班楼、宿舍列入居住类别

2. 规划要求配建的各种服务设施，如：教育、医疗卫生、文化体育、社区服务、市政公用等，表中各项可根据本项目规划实际要求自行增减

3. 商业、酒店、办公、科研等列入公建类别

4. 不属于居住、公建、配套设施、停车库等功能的如架空层、转换层等其他功能列入“其他”功能类栏。

5. 建筑控制高度为限高时，建筑高度系项目用地内最高建筑的建筑高度；建筑控制高度为限低时，建筑高度系项目用地内最低居住建筑的建筑高度

主要技术创新点：

因地制宜进行生活区规划设计，与周边的协调发展，优势互补，建设良好的环境社区，为居民创造一个独特的生态居住环境。通过建筑的整体空间环境规划，塑造简约、高效的建筑单体，力求通过合理的功能分区及空间塑造，提高建筑单体形态的完整性，充分展现地块的潜力，与周围的自然环境相呼应。

单体建筑形成相互关系为平行或垂直的良好理性逻辑关系，同时和城市道路形成一致关系，使得城市景观、城市空间和小区空间、景观相互渗透。整个小区分成多个台地组团，每个组团都和外部的小区道路和边界形成良好的关系，同时和小区内部其他组团一起，形成一个相互协调，环境优美，整体性强，节奏和韵律明显的高品质社区。

主路到组团，在景观上分别处理为主路景观轴、组团景观带、单体景观节点这样一个景观的过渡，使住户在归家的过程中经历一个逐渐放松的心理体验。产生一种“城市桃花源”的独特家境，并且使景观面达到均好。

[6]

[7]

淀山湖古镇

开发单位：昆山市淀山湖旅游发展有限公司

设计单位：苏州梁林古建园林规划设计有限公司

主创人员：滕亚军、幸　萍、张雯怡、刘丰杰、孙程程、严丽娜、崔炘伟、刘浩东

设计时间：2017 年

建成时间：2022 年

项目地点：昆山市淀山湖镇

项目阶段：建成项目

项目规模：中型

项目类别：园林式古镇

[1] 规划总鸟瞰图
[2] 内部效果图 1
[3] 内部效果图 2
[4] 局部鸟瞰图 1
[5] 局部鸟瞰图 2
[6] 实景图 1
[7] 实景图 2
[8] 夜景效果图 1
[9] 夜景效果图 2

项目简介：

淀山湖老街改造项目位于昆山市淀山湖镇，项目占地 14203.4m^2，建筑面积 13977m^2，淀山湖老街地处昆山市，交通便捷，东临上海市，距上海市青浦区仅 50km。

淀山湖老街改造首次运用了“四原”“五不同”原则，其中四原则为“原地址、原风貌、原高度、原面积”；五不同为“不同的设计方、不同的业主、不同的地域性、不同的时代性、不同的阶层性”。

设计说明：

感知园林式古镇

淀山湖老街改造打破了传统老街古镇设计，将园林融合进古镇设计，营造出步移景异，一步一景的独特古镇。老街主要道路旁新增戏台、海棠亭、廊等景观节点，既增加建筑风貌多样性，又提供公共休憩、游玩场所，让空间增添了多种变化，富有层次感。老街两旁砖木建筑傍水而建，形成“一线天”

[1]

[2]

[3]

[4]

[5]

的独特景观。沿河建筑局部采用挑出一段石条做成平台的手法，使得立面效果更加生动活泼，与水面倒影相结合，增强景观的空间延续，产生无限的空间感。老街各增添各种花树，河面种植水生花卉，营造步移景异，四时有景、四季有花的园林景观。小桥、流水、人家的江南园林的清幽淡雅意境体现得淋漓尽致。

传承与发展

老街“旧貌”换“新颜”，但仍保留了江南传统的粉墙黛瓦，翘角飞檐，木制窗棂，观音兜等传统元素，使得建筑富有轻、雅、秀的江南韵味，并清晰地表达了江南建筑诗情画意的特性与意境。戏台精美的雕刻与色彩丰富的彩绘与民居门窗低调沉稳的色调形成对比，使人眼前一亮。设计上既要考虑当地建筑风貌特色，又要结合当地居民的实际情况等进行设计，并强调沿街立面的轮廓变化能反映老街区的自然演进过程，使得不同时期的建筑立面变化不显突兀，既体现了老街的发展历程，又增加了老街的观赏性。

历史文化的传承与现代改造开发间的合理平衡，成为本次设计的核心所在。保留老街原有意境幽古的石板路，参差错落的老字号的同时，规划名人工作室、旗袍定制店、茶社等，充分发挥地域文化和历史建筑的人文价值。沿河增加夜间灯光效果，使得夜游老街也别有趣味，更加迎合现代年轻人的游玩需求。在传统与现代、局部与整体的碰撞中，我们始终将传承与发展贯穿设计前后，使每个建筑的传统元素各不相同又整体统一，将传统与现代相结合方便人们的使用。既保留了江南园林质朴、恬静的韵味，更为老街增添了不少活力，在这里看到的不仅是老街的过去，也是老街的未来。

经济技术指标：

总用地面积：14203.4m^2
总建筑面积：13977m^2
容积率：0.98
建筑密度：36%
绿化率：15%

[6]

[8]

[7]

[9]

香江电商科创中心

项目名称：香江电商科创中心
项目地点：山东省聊城市
业主单位：香江集团
设计单位：拓城設計 DC DESIGN
天津拓城建筑设计有限公司
占地面积：46800m²
建筑面积：79500m²
竣工时间：2022 年

[1] 总面图
[2] 人视图 1
[3] 鸟瞰图 1
[4] 人视图 2
[5] 鸟瞰图 2
[6] 人视图 3

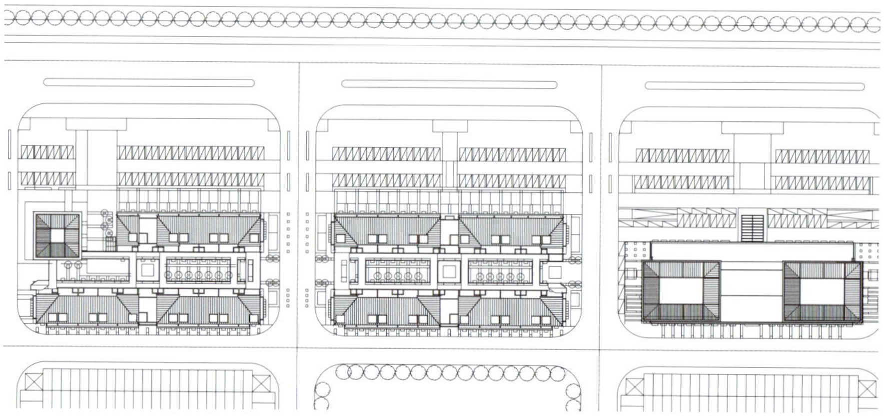

[1]

[2]

[3]

设计理念：

电商时代，传统市场的产业升级

香江电商科创中心位于山东省聊城市，随着香江市场的发展及成熟，香江集团将香江二期北侧沿城市主干道商业地块升级，以期达到品质提升及配套设施完善的目的。本项目自西向东分为三地块，西侧两地块底层为开放商业街区，上层为空中商墅；东侧地块为高层双子塔，集公寓、办公、酒店等多重功能于一体，打造综合电商科创基地。

东方语境，传统元素的现代演绎

建筑设计突出地域东方文化，从传统建筑中汲取赭色、米色、灰色等东方色彩，运用现代设计语汇，简洁大气。多层商业立面结合了玻璃幕墙、穿孔铝板等现代建筑材料，传统与现代结合，含蓄与精致并存，展现了端庄典雅的东方神韵。

[5]

[4]

[6]

北师大附属学校

项目名称：北师大附属学校
项目地点：天津市静海区
业主单位：区教育局
设计单位：拓城設計 DC DESIGN
天津拓城建筑设计有限公司
占地面积：165600m²
建筑面积：118200m²
设计时间：2016 年

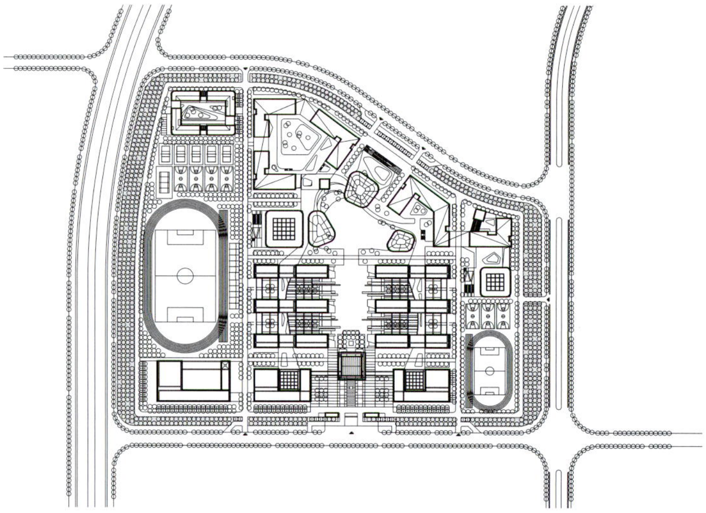

[1]

[1] 总平图
[2] 鸟瞰图
[3] 人视图 1
[4] 平面图
[5] 人视图 2
[6] 人视图 3
[7] 人视图 4
[8] 人视图 5

[2]

[3]

设计理念：

项目坚持“以人为本”的设计理念，以不同年龄段学生对不同场所的需求、感受为出发点，营造适于学生学习和成长的校园空间环境，规划采用的设计原则包括：“一校两区”的规划布局，东侧为小学校区，西侧为中学校区；“一轴一带”的规划架构，规划在校园中心引入景观轴线，设计教学联系带，将学校各区域相互联系；“主题明确”的功能分区，根据功能分区的设计原则，学校由南至北依次规划为校前区、教学区和生活区；“视阈开放”的校园边界，校园边界对城市视线开放，校园边界与周边环境形成友好的呼应；“空间围合”的院落组团，各组团采用院落式围合布局，营造适宜的院落围合小环境；“绿色友好”的校园环境，建筑设计采用被动式绿色设计策略，营造绿色友好的现代校园；“共享交融”的教学街区，建筑设计中融入教学主街的现代教学理念，在传统教育功能的基础上适当加入泛教育功能；“传承创新”的校园映像，尊重并延续传统校园的立面语言，同时适当进行创新，形成兼具传统与现代的校园建筑映像。

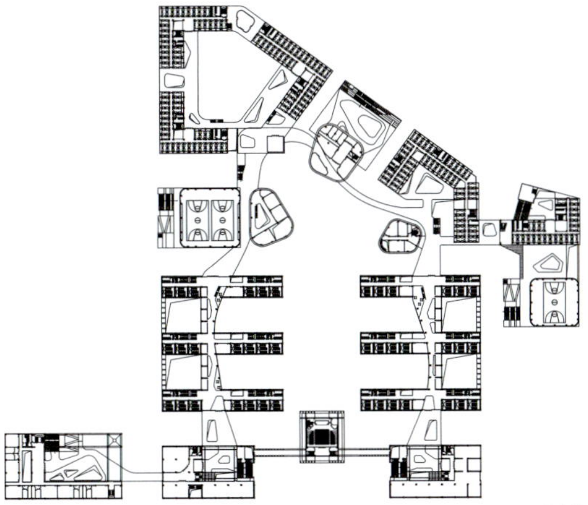

[4]

[5]

[6]

[7]

[8]

成都犀浦街道万福村社区综合体

项目名称： 成都犀浦街道万福村社区综合体
项目地点： 四川成都
业主单位： 成都市润弘投资有限公司
设计单位： 四川大学工程设计研究院有限公司、四川大学建筑与环境学院
占地面积： 13989m^2
建筑面积： 50583m^2
建筑功能： 商业综合体
设计时间： 2020—2021 年
竣工时间： 在建中
主创设计： 陈岚、陈春华、金东坡、金鑫、Sebastian Syrjanen（英）、朱单靖

[1] 鸟瞰白天
[2] 立面效果图
[3] 半鸟瞰黄昏
[4] 外观立面

[1]

项目理念及特色介绍：

项目位于成都市团结镇的影视文创区，是团结镇重要的门户节点，是“郫都区十大高质量发展动力源”之一，也是未来区域高端商务休闲中心。项目以“时尚 + 创新 + 科技感 + 开放”为设计理念，打造立体沉浸式体验综合体，形成区域高端商务休闲中心以及未来商业地标。设计上合理组织商业、办公、会议、酒店、文创等多种功能。方案一（选定方案）以“星光剧场”为主题，星河环绕串联起群星塔楼——利用体量的错动围合中心广场和高低错落的屋顶平台与连廊，围合成流光溢彩的星际之城，院内圆形地面或绿地打星光主题的全息投影，下沉式广场打月光主题的全息投影，为城市创造多种活动空间。立面设计现代简洁，与周边环境融为一体。

[2]

[3]

[4]

袁隆平杂交水稻种业硅谷

项目名称：袁隆平杂交水稻种业硅谷

项目地点：四川成都

业主单位：成都市郫都区国有资产投资经营国投公司 四川省郫县建筑工程公司

设计单位：中国华西工程设计建设有限公司六分公司 四川大学工程设计研究院有限公司 四川大学建筑与环境学院

占地面积：19091m^2

建筑面积：6500m^2

建筑功能：乡村规划、景观设计

设计时间：2018 年

竣工时间：2020 年

主创设计：陈岚、陈春华、金鑫、朱单靖

[1] 硅谷建成鸟瞰图 1
[2] 建成 1
[3] 硅谷建成鸟瞰图 2
[4] 建成 2
[5] 建成 3
[6] 建成 4
[7] 建成 5
[8] 建成 6

[1]

[3]

[2]

[4]

项目理念及特色介绍：

项目位于成都市德源镇东林村，为推进乡村振兴，践行袁隆平 院士的“禾下乘凉梦”和“杂交水稻覆盖全球梦”以及“少年识农愿”，规划设计了院士工作坊、乡村达沃斯（会议中心）、双创中心、袁隆平杂交水稻展览馆、专家工作坊、研发中心及生活空间。项目集川西民居、特色林盘、农耕文化、农业体验、青少年科普教育、乡村旅游于一体，形成以人为本，地域与人文、生态与文化和谐共生的“田园综合体”乡村旅游名片，以袁隆平院士国家杂交水稻分中心为依托，创建高科技农业研发高地，实现水旱轮作的自流灌溉稻作系统。并在此基础上塑造大地景观艺术，呈现出欣欣向荣的消费场景，实现生态美学价值向经济价值转化。

[5]

[6]

[7]

[8]

一种安全与健康、生态与自然的“仿生蚁穴建筑”构成形式的研究与探讨

张戈 金雯

摘要：本科研创新理念中的建筑空间与空间环境是一种“安全与健康、生态与自然”的“仿生蚁穴建筑”构成形式。建筑内部空间由一体化中央通风竖井井体出风口、一体化飘窗空气过滤、净化与调节进风口及智能空气识别警控系统组成，使建筑内部空间在关闭全部门、窗的情况下，空气依然能够智能控制实现自然循环流通，从而达到和实现建筑内部空间中的生活人群身体“健康”与生命财产“安全”的目的；本科研创新理念中的建筑外部空间，为在建筑主体的栋与栋、建筑群与群、建筑区域与区域之间建设一种“二次联通道路平面层”系统，将“一次原始地表平面层”完全为生活人群、为动物、为植物、田园种植、为园林景观绿化所有，实现建筑住区空间与空间环境“生态”与“自然”及建筑集群空间生活人群与地面社会车辆实现人、车立体分离，和谐共存。本创新科研理念是未来绿色智慧城市与村镇集群建筑进步与发展的榜样，利国利民意义远大。

关键词：建筑空间与空间环境安全与健康、生态与自然；中央通风竖井；进风口与出风口；一次原始地表平面层；二次联通道路平面层。

1. 第一类“现行传统既有建筑”空间与空间环境的基本概况

1.1 关于安全与健康

现行传统国家标准“既有建筑”封闭结构形式所形成的建筑空间与空间环境，存在有建筑内部空间的空气在不开启门或窗时，不能够自然循环流通，造成在建筑空间内部能够大量聚集、滞留有毒、害成分的化学类、医学病源类和亚健康废热空气，以及在当有物体发生意外或人为故意燃烧时，物体的燃烧高温和高温燃烧烟气能够在通过形成大量聚集或滞留或扩散或蔓延的过程中，由高温燃烧烟气中的“闪燃”特性点燃所有易燃或可燃物体，并能够顺随自然风向或发生或造成横向或竖向有多火点、大面积扩散性燃烧的重大火灾或燃烧高温或燃烧烟气伤害事故，对社会公共设施、自然生态环境和建筑空间使用人群的身体健康及生命财产造成严重危害。

1.2 关于生态与自然

现行传统国家标准“既有建筑”空间环境的栋与栋、建筑群与群、建筑区域与区域之间所形成的住区间的交通道路系统，只有一种计时交通指挥信号灯、人与车辆混行及经常发生有行人、各类型车辆能够随意穿行道路，占用道路及在专属人行通道、绿化用地上停放各种车辆和堆放私有物品等混合方式，造成经常发生道路人、车集中通行时段的交通拥堵现象及经常发生行人与各类型车辆、车辆与车辆的道路交通伤害事故。

2. 第一类“既有建筑”封闭的空间与空间环境普遍存在以下三大问题

2.1 在现行传统“既有建筑”结构形式内部单元空间环境中的自然空气流通方式，基本或全部都受到建筑结构门、窗开启形式的限制，造成在建筑内部单元空间与单元空间环境中，能够形成大量聚集或滞留有建筑空间使用人群生活、工作、生产过程中所产生的、包含有各种类有毒、害化学类成分、医学病源类成分的亚健康废热空气。长久以来，这些可能聚集或滞留有不良成分的空气随时、随处都在严重影响着建筑空间使用人群的身体健康。

2.1.1 当全部关闭门和窗时

在“既有建筑”空间结构中各部位墙体可开启门、窗洞口的顶边高度至屋顶板面所形成的空间部位，可以聚集、滞留有大量的废热空气，形成建筑内部空间环境长期充盈或存储有不良成分品质的废热空气并随时都在严重影响着建筑空间使用群体的身体健康。

2.1.2 当开启窗不开启门时

在“既有建筑”单元空间内部当单独开启一扇门或窗时，或当建筑其他单元空间可以通过空气流通的通道部位的门、窗没有同时开启时，室内空气不会形成自然循环流通，聚集或滞留在室内空间门、窗及结构梁以上部位的废热空气会长时间存在，人体可以感觉得到室外空气凉爽、室内空间闷热的温度差效应。

2.1.3 当开启门不开启窗时

在“既有建筑”单元空间内部当单独开启一扇门或窗时，或当建筑其他单元空间可以通过空气流通的通道部位的门、窗没有同时开启时，室内空气不会形成自然循环流通，聚集或滞留在室内空间门、窗及结构梁以上部位的废热空气会长时间存在，人体可以感觉得到室外空气凉爽、室内空间闷热的温度差效应。

2.1.4 当关闭门和窗开启空气调节时

在“既有建筑”单元空间内部常规安装有各类型空气调节设备以调节室内空气的冷、暖温度或湿度以达到室内环境生活舒适的目的。现行空气调节设施只能够在室内封闭的空间环境中通过风动力使被调节的空气反复循环，不能够消除室内已经存在的不良废热空气亦不能够提高或改善室内空间已经存在的空气质量问题。

2.1.5 当有其他限制通风的因素时

当同时开启门和窗时，又可能会受到建筑单元空间环境中其他直接影响空气自然流通的很多因素，造成室内空间环境的空气不能够形成独立的自然流通。

2.1.6 当开启门、窗或其他通风通道完全形成开放时

在“既有建筑”单元空间环境中，当同时开启所有门、窗形成室内、外空气完全能够形成自然流通时，聚集或滞留于室内空间环境的不良废热空气，才能够随外来自然空气的流通方向与风力的强弱被导出或被排出建筑体外。

2.2 在各类现行“既有建筑”封闭结构形式的内部空间环境中，当有可燃物体发生意外或人为故意燃烧时，燃烧高温和高温燃烧烟气可以形成大量聚集、滞留或扩散或蔓延现象，由于空气具有受热膨胀向上升腾的动力作用原理，造成高温燃烧烟气能够顺随封闭的建筑空间环境形状发生大面积聚集和滞留，当聚集或滞留充盈饱满后即形成扩散或蔓延现象；物体燃烧产生的高温辐射和高温燃烧烟气中的碳烟成分具有“闪燃”特性，除燃烧火焰的高温辐射可以引燃周围易燃和可燃物体发生燃烧以外，高温燃烧烟气中的“闪燃”现象在形成大量聚集、滞留或扩散或蔓延的流动过程中能够顺自然风向一路点燃所有可燃、易燃物体并造成或引发有多火点、大面积扩散性燃烧，这是各类现行传统“既有建筑”封闭结构形式一旦发生失火燃烧超过初始扑灭期后，亦最终都会形成或横向或竖向大面积严重火灾事故的主要原因。(图 1)

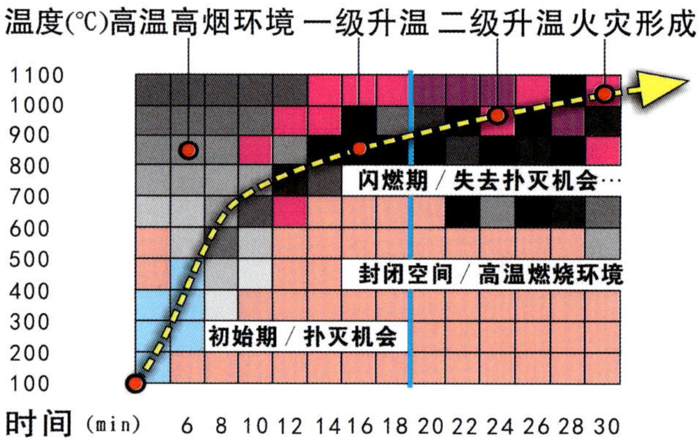

图 1 现行传统“既有建筑”内部空间物体发生燃烧过程曲线图

燃烧高温和高温燃烧碳烟仅能够在封闭的空间环境中形成大量聚集或滞留现象，当物体质量有限并在空旷开放的环境中发生燃烧时，物体燃烧完成后亦自行解体熄灭，不会形成燃烧高温烟气聚集或滞留和发生扩散性燃烧，比如我们可以通过身体本能感知与燃烧的篝火高温保持有一个安全的距离，亦可以围着篝火唱歌跳舞。

2.3 在现行各类“既有建筑”住区单体栋与栋、建筑群与群、建筑区域与区域之间形成的空间环境道路系统，除城市高速公路、立体高架快速道路及有轨专用道路以外，仅有一种常规建设在“一次原始地表平面层”上人、车混行的交通行为方式，由于地面空间可通达环境、道路设施建设、交通引导指挥信号灯形式、住区人口属性与人群生活、工作、生产的主要流动方向、数量等因素，会经常发生人与车辆集中通行时段性的交通拥堵，造成非正常事故抢险、公安消防、医疗救护等专属车辆不能顺利通达及经常发生各类型车辆与车辆、行人与车辆在正常或非正常通行情况下的交通伤害事故。

从体现当下社会时代智慧科技水平的发展进步与规划新建未来绿色智慧城市与村镇建筑集群空间环境的角度，来回看这种“既有建筑”空间现行仅有一种在“一次原始地表平面层”上行人与车辆混行的常规道路形式和单一的交通计数信号灯引导与交通指挥方式。（更多相关于“既有道路”形式存在的系统问题在此省略）长久以来，已经形成了一种“既有建筑”住区公共空间环境或交通道路环境中的普遍现象与建筑群住区生活人群日常出行的自然习惯行为。

3. 第二类“仿生蚁穴建筑”空间与空间环境系统构成形式的研究与探讨

3.1 创新改变落后

第二类“仿生蚁穴建筑”内部空间与空间环境系统构成理念中相关于“安全与健康”部分与上述第一类“既有建筑”的区别，是通过仿生大自然蚂蚁窝利用受热空气具有向上升腾的动力作用原理，在未来建筑空间中建设一个或一组“中央通风竖井”井体系统与建筑内部各分隔空间连通并由各建筑内部空间环境中配置的空气质量智能识别、警控与自控系统，将各建筑分隔空间中可能存在聚集或滞留的有毒、害成分或亚健康成分的废热空气，在不开启门或窗的情况下被智能导出建筑体外，从而实现建筑内部空间环境中的空气能够自然循环流通、达到空气质量永久健康的目的。当遇有物体意外发生或人为故意燃烧时，燃烧高温或高温燃烧烟气亦能够被“中央通风竖井”井体系统装置智能识别并快速或被强行排出建筑体外，实现在建筑空间环境中燃烧高温和高温燃烧烟气不能够形成聚集或滞留或扩散或蔓延现象。从而永久改善和提高了建筑内部空间的空气质量水平、保障了建筑空间使用人群的身体健康亦同时彻底阻断了当有物体意外或人为故意燃烧所产生的燃烧高温和高温燃烧烟气可以通过聚集或滞留或扩散或蔓延，造成大面积严重燃烧或烟气伤害事故的可能性；永久和彻底地消除了上述第一类“既有建筑”空间与空间环境长久以来当发生建筑火灾后，因为燃烧高温和高温燃烧烟气能够完全充满建筑内部空间及能够引发大面积、扩散性燃烧现象对建筑空间使用人群身体健康和生命财产造成的严重伤害。

3.2 未来绿色空间

未来绿色与智慧型城市和村镇建筑空间与空间环境，是一种建筑住区能够彻底实现人居内部空间自然循环通风，具有“安全与健康”的第二类“仿生蚁穴建筑”群体。相关于“仿生蚁穴建筑”外部空间与空间环境系统构成理念是在未来建筑栋与建筑栋、建筑群与建筑群、建筑区域与建筑区域之间建设一种“二次联通道路”平面层系统，实现建筑区间人、车立体分离并将“一次原始地表平面层”完全为自然植物、为动物、为田园种植、为园林景观绿化及为建筑区间生活、工作、生产及休闲活动人群、为社会特种车辆通行所有。达到和实现在未来建筑空间与空间环境中永久和完全绿色既“生态与自然”的目的，顺应国家建设绿色社会、安全节能与生态环保发展目标。

3.3 自然原始“蚁穴空间通风构造”简要说明

实践证明：自然原始“蚁穴”构造中的通风系统，很好地利用了受热空气具有能够向上升腾的动力作用原理，蚁群是将各种类可食材料搬运回洞穴内集中存储并进行喷水使其发酵后食用生长出的菌体，其中，蚁群会通过修建各功能空间和可以随时扩大或缩小进风口、出风口通道的孔径，将洞穴内各功能空间多余的菌类发酵热源，可控地排出洞穴体外以达到洞穴内部空间的温度能够始终保持舒适的目的。而我们在现行传统“既有建筑”封闭结构形式形成的各种单元空间与空间环境中生活、工作和生产过程中所能够体验和经历到的是一种当关闭了门、窗以后空气亦不能够自然循环流通、建筑空间使用人群必须要长期共存在这种能够聚集或滞留有毒、害化学类、医学病源成分类的亚健康空气质量环境中的现状，同时这种“既有建筑”封闭结构形式的空间环境能够造成当物体发生意外或人为故意燃烧后的燃烧高温和高温燃烧烟气聚集、滞留，还可以在形成扩散、蔓延的过程中引发有多火点、大面积扩散性燃烧现象并最终造成严重的火灾或高温烟气扩散事故，长久以来，我们就生活、工作、生产在这种随时都在影响着我们身体健康、随时都可能受到生命与财产安全或伤害的空间环境中。

现行传统既有建筑封闭的空间与空间环境结构形式与原始自然蚁穴通风系统的空间构成形式相对比，是二种完全不相同的内部空间与空间环境空气循环流通概念。我们仅以此来区别“既有”和“未来”的空间概念，将空间环境为封闭结构形式的既有传统建筑称为“第一类建筑”；将未来绿色智能可控亦完全为开放空间环境的仿生蚁穴建筑称为“第二类建筑”（图 2）。

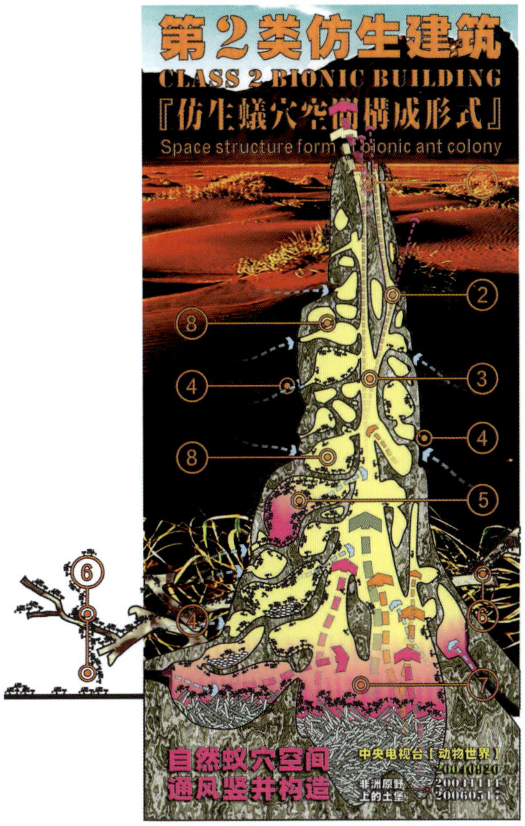

图 2　第二类“仿生蚁穴建筑”空间系统构成理念简图示意（一）

1）简图示意蚁穴空间内部所产生的热源是由专职工蚁通过扩大或缩小蚁穴通道的孔径进行调节冷、热空气的流通量，以确保蚁穴内部空间的冷、热空气能够及时、适量地向上循环流通，达到控制蚁穴内部温度始终保持在一个舒适的恒温状态，同时亦负责排除被自然外力或修补食蚁类动物破坏的各通风通道，以保证洞穴内部各功能空间蚁群的生命安全。

2）简图示意由蚁穴内部空间排出热源的各出风口通道。

3）简图示意由蚁穴内部空间排出热源的主通风竖井通道。

4）简图示意由蚁穴内部空间排出热源的各进风口通道。

5）简图示意蚁穴内部空间可能产生各种热源空气的功能空间。

6）简图示意蚁群列队通过地面层与架空层出行的二种通行方式。

7）简图示意蚁穴内部空间中大量存储的草料、动物残肢等，为由专职工蚁收集并搬运回洞穴、由其他专职工蚁含运回大量水分进行喷洒发酵，在洞穴内部空间中因为草料、动物残肢等发酵所产生的大量热源和废热空气，均由洞穴主体各部位的进风口引进洞穴外部的自然冷空气，由各主要空间中的通风竖井通道系统利用热空气能够向上升腾的动力作用原理，形成一种自然循环流通现象被排出蚁穴洞外。

8）简图示意自然原始蚁穴内部的各种功能空间和各主次通风通道构成系统。

3.4 第二类“仿生蚁穴建筑”空间与空间环境系统构成理念总图示意（图 3）

图 3　第二类“仿生蚁穴建筑”空间与空间环境系统构成理念总图

4. 第二类“仿生蚁穴建筑”空间系统构成理念一——关于安全

中央通风竖井井体构成系统能够智能识别空气质量成分与警控或智控或人工手控形成自然空气循环流通，实现智能自然导出或强行排除聚集或滞留于建筑内部空间环境中可能存在的物体类燃烧高温和高温燃烧烟气，达到建筑内部空间环境永久安全的目的。

在“仿生蚁穴建筑”内部空间中，当空间环境有意外发生或有人为故意将毒、害化学类成分泄漏、医学病源类传播或发生有物体燃烧时，中央通风竖井井体系统中配置和安装有一体化标准空气质量智能识别警控系统能够监测、识别与控制当空气温度、空气质量发生了异常变化时，即会实时发出数字信息和音频警报信号，同时空气质量智能识别警控系统能够自动选择关闭或开启发生异常事故部位或事故区域建筑空间环境中各部位的进风口和出风口装置，实时隔绝外部异常质量的空气进入建筑内部空间，或将建筑内部空间发生有毒、害化学类、医学病源类成分或人群生活、工作、生产活动中产生的亚健康废热空气或发生有物体燃烧区域环境的异常高温和高温燃烧烟气，形成一种建筑内、外空气能够完全自由循环流通的开放状态，并通过中央通风竖井井体构成系统的智控、警控或人工手动控制装置将所有有毒、害成分的亚健康质量空气或异常高温或高温燃烧碳烟完全快速、彻底的智能导出或强行排出建筑体外，使燃烧高温和高温燃烧烟气不能够形成聚集、滞留亦不能够发生充盈饱满后形成扩散或蔓延及燃烧高温辐射亦不可能会点燃可燃物体、高温燃烧碳烟中的“闪燃”特性亦不会引发或造成有多火点、大面积扩散性燃烧现象。燃烧环境人群会通过生理本能感受与燃烧高温保持一个安全距离，可以扑灭燃烧火焰、也可以等待事故物体燃烧结束后火焰自行熄灭。

在“仿生蚁穴建筑”内部空间中的中央通风竖井井体系统能够为人群生活、工作、生产活动创造出一种安全的空气质量环境及当有燃烧事故发生时，能够确保建筑空间内部是一种无烟或低烟的常温环境，为保障失火事故现场实施救援或有序组织人群撤离提供了一个绝对安全的空间环境，永久达到能够保障建筑内部空间使用人群的生命财产安全的目的。(图 4、图 5)

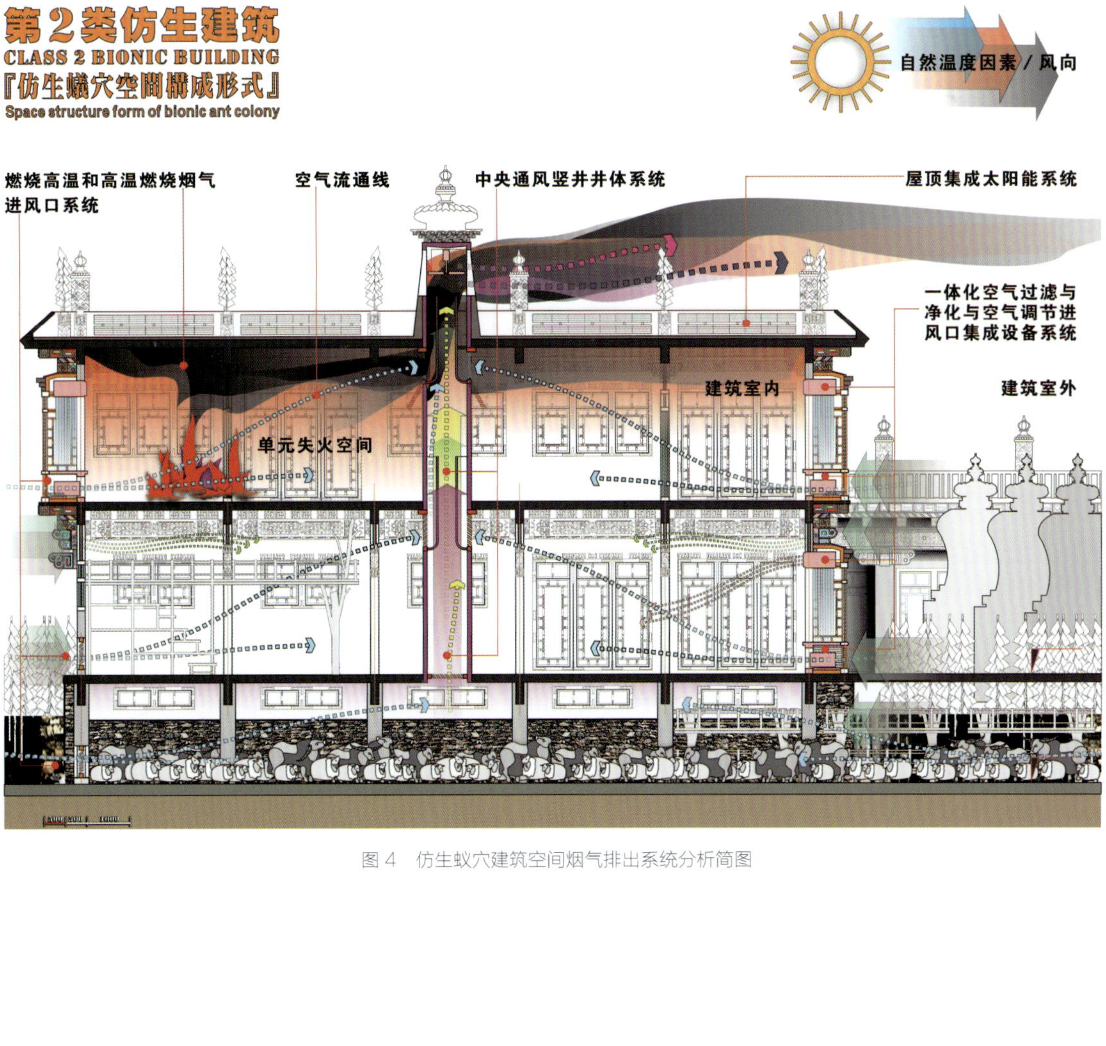

图 4　仿生蚁穴建筑空间烟气排出系统分析简图

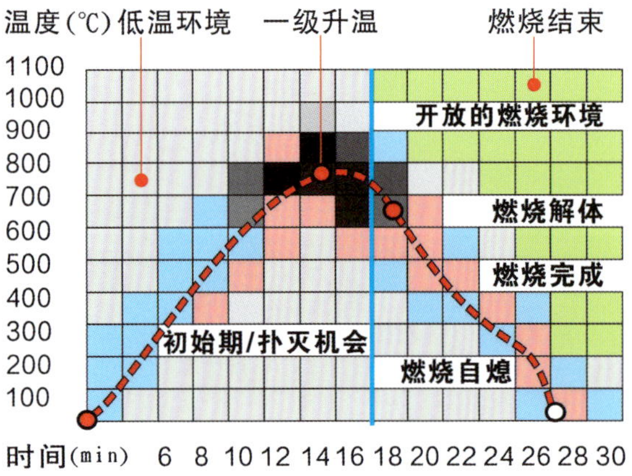

图 5　仿生蚁穴建筑构成空间中物体发生燃烧过程曲线图

5. 第二类“仿生蚁穴建筑”空间系统构成理念二——关于健康

中央通风竖井井体构成系统能够智能识别空气质量成分与警控或智控或人工手控形成自然空气循环流通与智能自然导出或强行排除聚集或滞留于建筑内部空间环境中可能存在的有毒害类亚健康废热空气，实现空间环境永久健康。第二类“仿生蚁穴建筑”空间中的空气自然循环流通构成系统，是将室外自然冷空气通过过滤与净化系统引进建筑内部空间、利用热空气具有向上升腾的动力作用原理使建筑门、窗洞口、结构梁至屋顶板形成的空间部位中可能存在的有毒、害成分的亚健康废热空气，通过中央通风竖井井体出风口系统，形成一种自然循环流通现象或被智控导出或被强行排出建筑体外，使其在建筑内部空间不能够形成聚集或滞留，保障了建筑内部空间与空间环境始终保持有良好的空气质量水平，达到和实现未来绿色智慧城市与村镇建筑绿色生产与工作与生活居住空间环境永久安全与健康美好愿景的目的。(图 6)

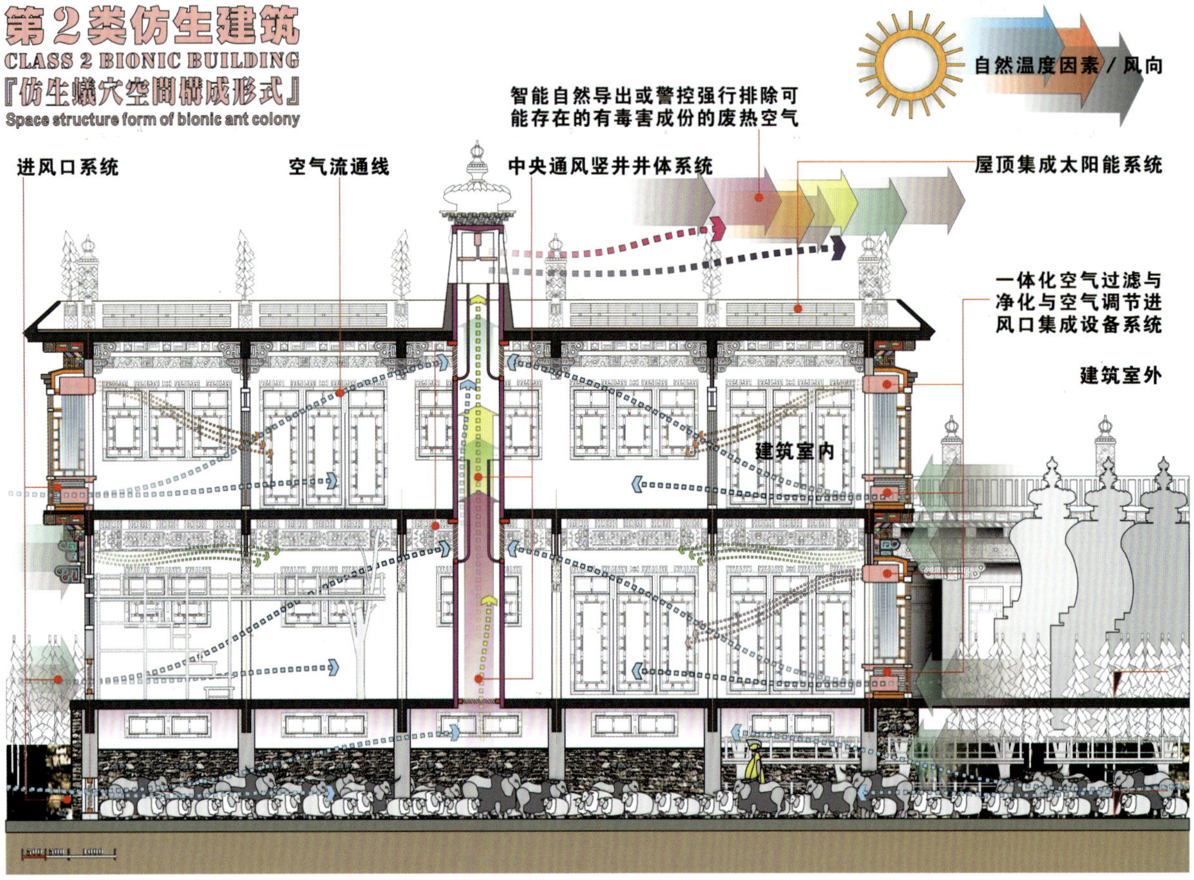

图 6　仿生蚁穴建筑空间空气流通系统分析简图

6. 第二类“仿生蚁穴建筑”空间系统构成理念三——关于生态与自然

6.1 实现建筑外部空间一次原始地表平面环境人车立体分离、完全生态与自然

未来在新建绿色“仿生蚁穴建筑”外部主体空间与空间环境或在升级改造现行传统“既有建筑”封闭结构空间与空间环境项目的建筑单体栋与栋、建筑群与群、建筑区域与区域或在建筑裙楼屋顶部位的合适位置建设一种“二次联通道路”平面层系统；未来“二次联通道路”平面层是一种可以互通于其他建筑栋与栋、建筑群与群、建筑区域与区域之间的立体交通道路系统（除城市高速公路、高架快速公路、轨道交通、景区旅游、城市商业、绿化专属道路以外）为建筑空间生活、工作、生产流动人群与社会机动车辆提供一种全新的人、车立体分离的互交式联通道路形式。其中，在“二次联通道路”平面层上的流通车辆，可以实现车辆属性智能识别、无人驾驶、通行车辆实现数、速交通信号指挥与车辆有序停放及自行和人行立体安全通道、消防应急自助救援等各项系统内容；除实现建筑内部空间永久“安全与健康”、实现未来绿色智慧城市与村镇建筑完全为一体化、标准化集群模式以外亦能够实现将“一次原始地表平面”空间完全为自然生态植物、为动物、为田园种植、为园林绿化景观、为建筑住区人群生活、工作、生产、休闲活动及为专属住区人群轻型交通工具、公安警务、市政环境卫生、市政抢修抢险、医疗救护、公安消防救援、区间公共交通、市政物资流通等特种机动车辆通行，从而实现和达到未来新建绿色智慧城市与村镇建筑栋与栋、建筑群与群、建筑区域与区域空间的“一次原始地表平面”环境人、车立体分离、和谐共生，永久“生态与自然”的目的。（图 7）

图 7　仿生蚁穴空间构成形式

6.2 第二类“仿生蚁穴建筑”空间与空间环境安全与健康、生态与自然系统构成理念，适用于各类型低层、多层及高层建筑单体建筑栋与建筑群的规划新建和对现行传统“既有建筑”单体栋与建筑群的整体升级改造目。

7. 第二类“仿生蚁穴建筑”空间与空间环境系统构成理念的研发依据

7.1 关于建筑空间“安全与健康”

发明创造专利名称：一种芯柱式建筑

发明创造专利号：Zl 2015 1 0067894.0

7.2 关于建筑空间“生态与自然”

发明创造专利名称：一种建筑空间与环境道路的配合方法及装置

发明创造专利号：ZL 2016 1 0150071.9

7.3 关于建筑空间“新型配套设施与设备”

相关于环保节能型水、电、气、通、暖等多项实用新型专利内容在此省略。（图 8、图 9）

图 8　仿生蚁穴建筑空间与空间环境简要说明手绘草图

图 9 仿生蚁穴空间通风构成系统实验房局部实景照片

02

World Habitat
世界人居

世界人居优秀企业

第二篇

方圆 建筑设计 FINELAND ARCHITECTURAL DESIGN

广州市方圆建筑设计有限公司

公司简介

广州市方圆建筑设计有限公司成立于 2007 年，是方圆集团旗下具有独立法人资格的单位，以规划设计、建筑工程设计为主。是在住宅产品的研发和设计领域，具有独特优势的设计公司。公司拥有建筑行业（建筑工程）甲级资质，技术实力雄厚，人员配置齐全，可为客户提供概念方案、住宅社区规划、建筑单体设计、室内设计、园林设计等建筑设计领域的一站式服务。

公司技术实力雄厚，专业齐全，设有研发室、总工室、方案室、建筑室、结构室、设备室、室内设计室、园林室等，拥有一批技术扎实、爱岗敬业的专业人才，其中一级注册建筑师、一级注册结构师 13 人、中高级建筑师、中高级工程师等资深专业设计师 30 人，注册公用设备工程师、电气工程师 7 人。公司拥有健全的管理制度和完善的质量保证体系，注重团队建设、注重专业研究、注重客户服务，在设计上追求标准化设计和高品质服务。

主要完成项目名称（五年内）

自成立以来，公司不断推出有竞争力的优秀设计作品，如罗浮山・十里方圆、方圆豪美云山诗意、鹤山云山诗意项目、方圆珠海月岛首府项目、方圆南沙水恋项目、方圆惠州东江月岛项目、广州大学城大学时光项目、方圆泉溪月岛项目、鹤山十里方圆项目、海南临城酒店项目等。

所获荣誉

2020 年，“鹤山云山诗意邻里中心”荣获 2020 世界人居・建筑金奖。

2020 年，“方圆・珠海月岛首府”荣获 2020 世界人居・景观金奖。

2020 年，荣获 2020 世界人居・年度十佳设计机构。

2020 年，方圆・月岛首府（珠海）销售中心荣获第十三届中国国际室内设计双年展优秀奖。

2020 年，“鹤山云山诗意邻里中心”“会所”荣获意大利 A Design Award 铂金奖，“书吧“获金奖，“林中小屋”获银奖。

2019 年，“合院”获得国家外观设计专利。

2019 年，“一种院墅住宅和住宅群组”荣获国家实用新型专利。

2019 年，“十里方圆月岛一区”荣获广东省优秀工程勘察设计住宅和住宅小区二等奖。

2019 年，“十里方圆・龙玺展示区”荣获广东省优秀工程勘察设计建筑装饰设计二等奖。

2019 年，“鹤山十里方圆园林景观工程”荣获广东省优秀工程勘察设计园林和景观工程三等奖。

2019 年，荣获全国工程勘察设计 50 强。

2019 年，荣获全国工程勘察设计优秀企业。

2017 年，“现代中式合院建筑研究”荣获广东省科技创新专项一等奖。

2017 年，“探析徽派建筑元素在高层住宅中的应用”荣获广东省科技创新专项三等奖。

2014 年，从化方圆明月山溪花园商务中心”荣获广州市优秀工程设计二等奖。

2014 年，“从化方圆明月山溪花园商务中心”荣获“岭南特色建筑设计奖铜奖”。

路劲地产集团北京公司

公司简介

路劲地产集团有限公司成立于 2003 年，是路劲基建有限公司房地产业务的旗舰公司。按中国房地产业协会及中国房地产测评中心 2020 年发出的报告，路劲地产位列外资房地产开发企业第 1 名、全国房企 35 强。

路劲地产专注于住宅项目的投资、开发和销售，产品类型包括低层至高层住宅、公寓、大型综合性住区、别墅等。在“用心筑造品质生活”的理念指引下，不断创造出设计先进、施工精良的产品，成为区域标志性项目。

路劲地产立足经济发达、有潜力的城市及地区，追求业务的持续发展。现时持有的房地产组合投资主要位于长三角、渤海湾、粤港澳大湾区。

路劲地产致力于成为值得信赖的房地产企业，为客户提供优质的产品和服务，为员工提供良好的事业发展机会，为股东提供高投资回报，为社会发展做出贡献。

主要完成项目名称（五年内）

路劲御合院、路劲御合府、路劲云河上苑

所获荣誉

路劲地产位列外资房地产开发企业第 1 名、全国房企 35 强。

上海大境建筑规划设计有限公司

公司简介

上海大境建筑规划设计有限公司（大境建筑）是一家集城市规划、建筑、结构、机电设计于一体的建筑工程甲级设计公司，是上市公司勘设股份（证券代码：603458）旗下专注建筑行业设计和咨询的控股子公司。

大境建筑自 2002 年成立至今，一直以精益求精的精品意识、技术领先的质量意识成为业内不可多得的持续关注项目全过程设计和服务、综合实力强劲的设计公司，并以国际化的视野、优秀的专业人才结构和高效的科学管理体系，为客户提供了众多有影响力的优秀设计作品。

大境建筑的企业文化就是追求精品、创造精品，并视之为企业生存之本。“对每个项目精益求精、并力求做得更好”，大境建筑推崇匠心精神，不但在方案阶段精心构思、反复推敲，同时在项目整个设计过程中，特别注重各个专业、各个环节的协调和配合，把精品意识贯彻项目实施的完整过程中。通过作品积累、服务口碑，大境建筑成为知名的全过程建筑设计公司，并以此作为公司持续发展的驱动力。

2018 年，大境建筑以其优秀的业绩和业内的影响力，加盟成为贵州省交通规划勘察设计研究院股份有限公司（勘设股份）旗下的控股子公司，并作为集团公司开拓全国、境外业务的建筑板块主力军。依托于上市公司的雄厚资本和建设行业完整业务的辐射力，大境建筑得以更充分地发挥自身技术优势，进一步吸引人才，并更专注于以自身的专业精神去服务项目，以开放的、学习的心态与客户交流、探讨，以期综合各方因素，为客户提供最佳选择的设计作品。

主要完成项目名称（五年内）

郑州绿地新都会
上海国际体操中心改扩建
上海云锦东方
上海上滨生活广场
长沙平安财富中心
上海平金中心
上海凯德星贸
上海东虹桥中心 ASPIRE

所获荣誉

郑州绿地新都会荣获 2020 世界人居・建筑金奖；

上海云锦东方荣获第十届“上海市优秀住宅”金奖、第九届“上海市优秀住宅”房型设计奖、第九届“上海市优秀住宅”规划建筑；

山西焦煤集团综合服务基地荣获 2019 年国家优质工程奖；

凯德・星贸荣获 2017—2018 地产设计大奖・中国优秀奖；

上海大境建筑荣获 2017—2018 年度地产行业卓越设计贡献奖；

威海客运中心（南站）商业综合体荣获 2015 年全国人居经典建筑金奖；

泉州世界贸易中心、上海市人民检察院项目荣获 2013 年全国人居经典建筑金奖；

严宅地块危旧房改造项目荣获上海浦东新区 2013 年度建设工程设计质量结构专业优秀奖；

威海文化艺术中心荣获“蓝星杯”第五届中国威海国际建筑设计铜奖；

台州黄岩耀达酒店工程设计荣获 2012 年度浙江省工程优秀设计奖；

上海大境建筑规划设计有限公司荣获 2012 中国建筑设计百家名院、2005 年度上海市 12 杰出民营建筑设计单位、上海市科学技术三等奖。

上海海意建筑设计有限公司

公司简介

我司坐落于上海杨浦区，多年来，公司以中外资深建筑师为骨干，秉承“设计基于研究，设计创造价值”的理念，以国际化的视野，不断开拓创新的专业精神，为业主提供从项目咨询、策划、规划、建筑单体到室内设计的一站式服务。

成立于 2006 年，汇聚了 110 多名优秀的建筑师、工程师、规划师、项目经理等技术人员，同时在安徽合肥、河北石家庄、云南昆明、贵州贵阳设立办事处，合计 30 人左右。

我司一贯遵循以稳定、有序为前提，专注品质设计的发展策略，“专业、专注、专心”是我们的突出特点。公司现设策划研发、方案设计两大部门，集合了规划、策划、研发、结构、方案等各领域专业人才。资深的专业团队能够在很快的时间内，根据项目特点，迅速组织具有国际视野的高素质专业团队。针对服务于开发商地产项目，我们会从设计角度去提高商品附加价值。

我们希望通过我们的工作，除了提升项目价值同时能提升开发商的品牌价值，协助业主实现其商业目标。最大限度地发挥和提升建筑项目价值，并能够提供贯穿整个设计产业链一条龙的整体式服务，为了实现目标关注每一个细节，从而达到物超所值的设计，为项目量身定做出个性化产品设计方案。

主要完成项目名称（五年内）

中粮香缇半岛	南京浦口万达广场	淮南吾悦广场	常州吾悦国际广场
海口吾悦广场	宁波银泰城	合肥佳源中心广场	无锡宜家聚荟城
融信世纪东方	宿迁水木清华	遵义金樾和山	温岭云樾观岭
淮安隽悦大都会	温州瑶溪凤凰城	海棠湾	扬州佳源世纪天城
常州天安别墅	帝都温泉山庄	扬州江淮府	招商博雅苑
山西省大剧院	武汉行政服务中心	山西大剧院	青浦新建体育馆
温州工行办公楼	大同工商银行	上海浦发银行合肥综合中心	上海交通大学附属新华医院
福清医院	大庆油田总医院	泉州第一人民医院	虹桥医疗城
库尔勒市第二医院	浦东东方医院	苏州大学附属第一医院	上海新闻出版学校

所获荣誉

2020 年 REARD 地产设计商办类铜奖
2020 年世界人居优秀建筑设计
2020 年世界人居优秀设计机构
2019 年全国人居生态优秀建筑设计奖
2017 金拱奖建筑设计金奖
2015 中国建筑景观规划设计原创建筑设计一等奖
2014 年全国人居经典综合大奖

2020 年 REARD 地产设计居住类银奖
2020 年世界人居优秀建筑设计
2019 年第十四届金盘奖年度最佳预售楼盘
2019 年全国人居生态优秀建筑设计奖
2017 金拱奖最具影响力设计机构奖
2015 中国建筑景观规划设计原创设计十大影响力设计人物
2014 年全国人居经典规划、环境双金奖

上海联创域韬景观设计

公司简介

上海联创设计集团是一家全方位、多元化、国际化的设计集团。拥有建筑工程甲级资质、城乡规划甲级资质、风景园林乙级资质。集团总部位于中国上海，在全国 20 座城市设立了 23 个分支机构。集团拥有近 3000+ 人组成的专业团队，UDG 联创秉承“发现客户需求、用创新创造价值”的宗旨，长期致力于为城市规划、大型居住区、城市综合体、城市更新、大健康、文化、文体、文教、产业办公、交通建筑等，提供专业的设计服务，在建筑咨询、城市规划、建筑设计、室内设计、景观设计等领域建立了广泛的合作客户群体；在 PC 专项设计、BIM 设计运用及设计总包方面有丰富的实践经验。

域韬景观隶属于上海联创设计集团，部门规模 34 人，中级工程师及以上职称人员 14 名，接触项目类型众多，包含大量居住、公建、商业、酒店、康养等项目经验。在文化景观、海绵城市、生态景观上有独特的见解及实践，人员齐备，拥有集团全专业的支持，落地性高，在青岛及山东本地有众多的项目落地景观案例，后服方面可以及时详细地进行现场把控及反馈。

主要完成项目名称（五年内）

泰安滨湖路景区景观设计，泰安五矿水岸景观设计，泰安石敢当文化旅游区项目，青岛东方时尚中心 5# 地块尚璟景观设计，青岛东方时尚中心 7# 地块尚汀景观设计，青岛金沙滩希尔顿酒店景观设计，青岛城建印象・畔景观设计，青岛城建印象・春景观设计，潍坊柒星国际景观设计，联东 U 谷王台地块景观设计，联东 U 谷高新地块景观设计，联东 U 谷城阳地块景观设计，泰安望岳迎宾馆，烟台万达售楼处景观设计，青岛工人温泉疗养院改造，青岛纺织工人疗养院改造，东方时尚中心二期项目（国际艺术学校），日照高新区智慧谷，日照生命健康产业国际协同创新城。

所获荣誉

青岛东方时尚中心 7# 地块尚汀景观设计荣获 2019 年青岛市优秀城乡规划及建筑设计一等奖

青岛东方时尚中心 5# 地块尚璟景观设计荣获 2019 年青岛市优秀城乡规划及建筑设计三等奖

孙家滩村庄改造工程设计荣获 2020 年世界人居・景观金奖

上海联创设计域韬景观荣获 2020 年世界人居年度优秀设计机构

上海拓维建筑设计有限公司

公司简介

拓维设计 2002 年创立于中国上海，2008 年在加拿大成立分部。拥有建筑设计甲级资质，专业从事房地产开发项目建筑规划设计。拓维涉足的设计领域广泛，涵盖了居住建筑、城市综合体、商业地产、产业地产、办公建筑、星级酒店等各个领域。尤其聚焦于人居、商业综合体、产业园区三个板块全程设计服务。将先进的设计理念和高端的建筑科技应用到城市发展中，并与市场及传统文化相融合，致力于成为地产设计专家。

主要完成项目名称（五年内）

保利发展－青岛保利羊毛滩 P4、P5 地块，保利发展－青岛保利胶州机场 A 地块，保利发展－青岛保利胶州机场 C 地块，保利发展－青岛保利海棠住宅、办公项目，保利发展－青岛保利潍坊梧桐语，保利发展－青岛保利紫荆阁 C 地块，保利发展－青岛即墨金华路商业项目，保利发展－中集胶州海尔大道项目，保利发展－红岛河套地铁站项目；

阳光城－上海阳光城大团镇项目，阳光城－上海阳光城海盐翡丽海岸，阳光城－上海阳光城海盐翡丽公园，阳光城－上海阳光城德清市心府，阳光城－上海阳光城德清 401 地块；

招商蛇口－南京招商镇江北固湾五期项目，招商蛇口－南京招商雍宁府，招商蛇口－上海招商南通雍景湾，

招商蛇口－杭州招商闻博花城，招商蛇口－南京招商镇江北固湾五期项目，招商蛇口－南京招商雍宁府，

招商蛇口－上海招商南通雍景湾；

中海－南京中海玄武公馆；

弘阳－常州弘阳锦凤和鸣，弘阳－苏州弘阳甪源；

伟星－马鞍山伟星壹号院，伟星－临海伟星和院，伟星－临海伟星国宾台，伟星－芜湖伟星长江之歌，

伟星－芜湖伟星天境；

清华紫光－苏州紫锦墅苑等。

所获荣誉

保利发展－青岛保利中央公园 2# 地块获 2017 年保利（青岛）最佳建筑方案产品奖

万科－绍兴柯桥公元 2020 获 2018 年全国人居建筑金奖

招商蛇口－杭州招商春秋华庭获 2016 年全国人居建筑金奖

招商蛇口－杭州招商公园 1872 获 2019 年金盘奖最佳综合楼盘

招商蛇口－广州招商五矿鹭山府获 2020 年美尚奖极致建筑美学优秀奖

招商蛇口－杭州招商闻博花城获 2019 年美尚奖极致建筑美学优秀奖

弘阳－弘阳锦凤合鸣获 2020 年金盘奖最佳综合楼盘

三湘印象－杭州三湘印象海尚观邸获 2018 年地产设计大奖优秀奖

洲宇设计集团股份有限公司

公司简介

洲宇设计集团成立于 2010 年，是智慧城市与建筑艺术创新的设计平台，也是全国性领先的综合设计机构。我们在上海、深圳、成都形成三总部发展格局，并在昆明、西安、南宁、厦门、沈阳、长沙、贵阳、济南、郑州、重庆、武汉、兰州、杭州、合肥、广州、南京等 19 个城市设有分子公司。

以“让建筑更智趣，让生活更美好”为使命，推动设计革新，为全球城市发展提供全方位技术解决方案。洲宇目前主要服务于一线房地产开发企业，并与多家全国 50 强开发企业建立了长期战略合作伙伴关系。服务内容涵盖建筑设计、规划设计、景观设计、室内设计、文旅规划、IP 场景运营、TOD、BIM、装配式建筑、绿建咨询、顾问咨询、设计优化、设计总承包、幕墙设计、智慧生活等版块。

洲宇拥有各专业技术人才 2500+，团队以“持续创新建筑品质，改善人类活动环境，创造美好的感官体验”为服务宗旨，在全国打造了 500+ 各类建筑设计作品，公司以“成就员工理想、助推城市梦想、创造国际水准、设计智造未来”的经营理念，打造集建筑设计、生活、科技、等多元化的综合性设计平台，凭借其高附加值的设计、卓越的服务意识、优质的资源整合、精益的企业管理，在行业内树立了良好的品牌形象。

主要完成项目名称（五年内）

01. 蓝光天府黑钻项目
02. 中奥厦门游艇俱乐部
03. 东原津智体育中心
04. 川港合作示范园
05. 通威全球创新基地
06. 龙湖白沙路时代天街
07. 宝德乐山未来科技城
08. 恒大龙泉古镇
09. 融创昆明文旅城
10. 雅居乐昆明雅景中心
11. 雅居乐 & 绿地云和中心
12. 银滩 · 天玺
13. 龙湖星悦荟
14. 新城控股吾悦华府
15. 融创香璟台
16. 万华麓湖生态城
17. 融创都江堰展示中心
18. 绿地半山文旅
19. 龙湖千山新屿
20. 蓝光成都长岛国际
21. 磐安一川玉岑山居酒店
22. 新城控股吾悦华府
23. 万达东江城

所获荣誉

2020 奥园集团携手共进奖
2020 蓝光西南首个顶级（黑钻产品）精诚合作伙伴奖（玉秀湾紫宸）
2020 绿地控股匠心营造奖
中梁地产 2020 年度 AAA 优秀合作伙伴
中梁地产 2020 年度优秀施工图设计战略供方
di 中国建筑设计市场排行榜 2019—2020 年度最佳住宅品牌设计企业
WAF 年度最受大众喜爱作品奖（蓝光天府黑钻）
第 35 届 WA Awards 设计奖（蓝光天府黑钻、川港合作示范园、宝德未来科技城）
2020 锋建筑节优胜奖（蓝光天府黑钻、成都市津智体育馆）
2019 年度龙湖优秀团队奖
2019 年度新城控股优质服务奖
2019 建发房产最佳供方配合奖
2019 阳光城优秀设计服务奖
2019 年度东原地产最佳合作奖
2019 年度蓝光发展陕西区域最佳合作伙伴
2019 年度朗诗地产西安公司优秀合作伙伴奖
2019 奥园地产优秀设计单位
2019 圣桦集团优秀合作伙伴
2019 新希望团队精功匠心奖
2019 恒邦双林集团优秀供应商
2019 年第一季度蓝光施工图设计质量优秀奖
2019 年第二季度蓝光施工图设计质量优秀奖
2019 云南文滇置业最佳合作单位
2019 兆信铂锐湾项目优秀合作商
2019 年度全国优秀勘察设计企业
2019 十佳设计机构

北京五指峰建设工程有限公司

公司简介

北京五指峰建设工程有限公司创建于 2019 年，主营泰斯特灰泥，墙面装饰彩色砂浆灰泥为无机质材料，其干混饰面砂浆生产加工技术和产品市场占有率目前均处于国内领先地位。灰泥根据设计要求，可以施工多种肌理饰面，展现墙面不同质感，具有非常丰富的风格表现性。

联系人：崔卿　　联系方式：18600299586　　邮箱：wuzhifeng6688@sina.cn

项目展示

南京园博园珺懋精选酒店

灰泥在该项目中将其风格体现得淋漓尽致，经过两年多的改造建设将曾经尘土飞扬的矿坑、水泥厂实现了华丽转身，该项目应用的是灰泥的夯土系列，夯土应用规模之大，造型之震撼，充分展现了该酒店的独特价值。

上海喜茶新天地店

轩昂 XUANANG LIGHTING

中山市轩昂照明器材有限公司

公司简介

中山市轩昂照明器材有限公司创建于 2005 年，是集设计、研发、生产及销售为一体的专业园林景观及建筑立面照明灯具综合性制造厂家，我们致力于融合中国古典风格的非标灯具研发与定制，深度诠释古老传统文明与现代照明灯具的结合及应用，严格把控产品质量与生产工艺，经过十多年的成长与发展，品牌灯具已成功在国内诸多知名地产项目上绽放光彩。展望未来，我们将以紧随市场发展潮流为导向，造就与现场环境融合的品质灯具为准则，为成就国内最专业的定制灯具顶尖品牌为目标而努力。

项目展示

金茂地产汕头双悦湾

灯具在该项目中高度融入景观当中，夜景灯光效果对场景气质的烘托具备提升作用。在前场巨幅水景中采用的严整灯具序列既将横跨于路面的场景在透视方向上的存在感加强，又中和建筑严肃沉稳的色调，是画面变得更加活泼灵动的点睛之笔。

03

World Habitat
世界人居

世界人居优秀人物

第三篇

成玉宁 Yuning Cheng

个人简介

东南大学特聘教授、博士生导师、国务院特殊津贴专家、江苏省设计大师，现任东南大学建筑学院景观学系主任、江苏省城乡与景观数字工程技术中心主任、东南大学景观规划设计研究所所长、东南大学风景园林学科带头人、东南大学建筑学院学术委员会副主任。兼任国务院学位委员会第七、八届学科评议组成员、国务院学位委员会教育部人保部风景园林专业学位研究生教育指导委员会委员、全国高等学校土建学科风景园林专业指导委员会委员、住建部科技委园林绿化专业委员会委员、中国风景园林学会理事、中国长城绿化促进会生态人居与绿色建筑分会会长、中国风景园林学会理论与历史专业委员会副主任委员、中国风景园林学会教育工作委员会副主任、中国建筑学会园林景观分会副主任、江苏省土木建筑学会风景园林专业委员会主任,《中国园林》《风景园林》等杂志编委。

代表著作

《数字景观—逻辑、结构、方法与运用》(十三五国家重点出版计划规划项目)、《现代景观设计理论与方法》(十一五国家重点图书出版规划)、《中国园林史》(住房城乡建设部土建类学科专业规划教材)、《湿地公园设计》《场所景观——成玉宁景园作品选》《园林建筑设计》《造园堆山》等 8 部专著，论文集 5 部，于国内外学术期刊发表高质量论文 130 余篇。

执教 30 年来，承担“景观设计原理”“景园规划设计”“现代景观规划设计理论与方法”“城市与风景旅游环境设计问题研究”“风景园林学前沿”等多门本科及硕博士研究生课程，指导访问学者 7 人，指导博士后 9 人（外籍 1 人）；指导博士研究生 20 余人名（其中留学博士研究生 4 人）；硕士研究生 80 余名（其中留学硕士研究生 3 人）。承担“数字技术辅助下的风景园林规划设计教学改革研究（* 江苏省高等教育教学改革研究课题（重中之重）”等教学改革项目 6 项，获“创新型卓越人才培养——风景园林学科研究生培养模式改革成果江苏省研究生培养模式改革成果奖”“宝钢优秀教师”“东南大学首届杰出教学奖”等教育类奖项。

学术成果

发表学术论文 80 余篇，专著 7 部，获国家发明专利各 5 项。主要研究涉及风景园林规划设计、景观建筑设计、景园历史及理论、数字景观及技术等领域。先后在国内外知名高校讲学交流，受到国内与国际同行的高度评价。主持十三五国家重点研发项目课题“乡村生态景观数字化及其应用”“国家自然科学基金重点项目低影响开发下的绿地规划研究”“参数化风景园林设计方法研究——以竖向设计为例（51278115）”“基于量化技术的集约型风景园林设计方法研究（50978053）”等多项国家及省部级科研项目。

主要设计完成项目

代表作有南京牛首山风景区（北部景区）东片区道路与景观及建筑设计、江苏·福冈友好樱花园景观提升工程、南京市新街口商圈地段景观环境提升工程设计、南京老山国家森林公园七佛寺景区基础设施建设项目、扬中市滨江公园设计、南京大石湖生态旅游度假区规划、南京市雨花台烈士陵园丁香花园设计、泰州周山河景观带规划设计、湖南顺天洋沙湖生态旅游度假区修建性详细规划、滁州琅琊山风景区丰乐亭景区详细规划、常熟沙家浜湿地公园北扩工程、南京市牛首山北部区域（修建性）详细规划设计、京杭运河（无锡段）两岸景观提升改造工程方案及深化设计、宁波市风景名胜区管理研究、南京清凉山－石头城遗址公园概念性规划设计、佛山市绿岛湖片区慢行系统规划设计、明孝陵明功臣墓徐达墓李文忠墓文物保护与环境整治工程、淮安市里运河文化长廊概念规划、大丰市二卯酉河景观设计、大丰市银杏湖公园规划设计、苏州南石湖景区规划及景观建筑设计、南京地铁一号线高架站及景观环境设计、南京市白下区法院综合楼、南京市六合区委党校、南京大石湖生态旅游度假区规划、溧阳天目湖湿地公园规划、滁州丰乐亭公园规划、淮安中州公园设计、淮安苏皖边区政府旧址陈列馆设计、淮安市古清口景区及大运河国家博物馆设计、常熟拂水堤景观设计、淮河安澜博物馆设计、金湖县人民政府办公楼、淮安古青口景区及九龙阁、淮安榷关复原设计、淮安古城墙遗址公园设计、大丰市银杏湖公园规划设计、淮安楚州北门大街城市设计、沙家浜风景区湿地公园设计、常熟古里红豆山庄设计、淮安龙光阁、南京老山森林公园餐饮中心设计、淮安河下古镇北部片区设计、包头国家生态工业园景观设计、睢宁文化广场设计、桐庐中心广场设计、南京新世界花园景观设计、南京市天宝街生态路景观及海绵系统设计等。

个人所获荣誉

从事风景园林专业规划设计实践近四十年，成玉宁教授多次在国际及国内设计投标中胜出，主持完成了风景园林规划设计、风景园林设计、景观建筑设计等工程实践两百余项，超过百余项已建成，获得社会广泛好评，先后获国家及省部级设计奖近 37 次。“城市道路海绵系统建构及关键技术”获“2018 年华夏建设科学技术奖”一等奖，在全国范围推广，均得到极高赞誉。

金云峰 Yunfeng Jin

个人简介

同济大学建筑与城市规划学院景观学系教授、博士生导师，公园城市与景观治理有机更新研究中心主任。国家林业和草原局国家公园和自然保护地标准技术委员；学术期刊《风景园林》和《城乡规划》编委。注册一级建筑师，注册城乡规划师。1979—1983 年同济大学首届风景园林专业毕业，40 年园林局、设计院、高校的专业工作经历涵盖设计类和规划类的理论实践与政策法规。研究方向包括风景园林规划设计方法与技术、绿地系统与公园城市、自然保护地与文化旅游规划、景观更新与公共空间、中外园林与现代景观等。

代表著作

《城市园林绿地规划设计原理（第三版）》，中国建筑工业出版社，2019。主持国家标准《城市绿地规划标准 GB/T 51346—2019》的编写。主持国家自然科学基金项目《面向生活圈空间绩效的社区公共绿地公平性布局优化——以上海为例》。主持上海市规划和国土资源管理局课题《上海市城市总体规划 2040 战略议题——上海市公共开放空间体系和休闲活动网路研究，2014》。主持教育部重点实验室开放课题《基于空间数据及 3s 技术的风景体系的规划建构研究，2015》。主持上海市城市更新及其空间优化技术重点实验室开放课题《复杂系统分析的城乡绿地系统空间演变研究——以上海为例，2016》。

学术成果

■ 风景园林史学研究方向

园林史形式分析研究：论文《西方园林史研究综述——形式分析，2013》《多重构图——埃斯特别墅园林的空间设计，2012》；园林史情境分析研究：论文《西方园林史研究综述——情境分析，2015》《情境分析和形式分析——18 世纪扬州园林嬗变的外向与内向研究，2016》；风景园林史变革与新视野研究：论文《西方园林史学的研究视野，2016》《环境史景观史园林史，2014》；风景园林史历史性空间研究：论文《西方园林史研究——以意大利罗马与法国巴黎园林景观轴线空间演变为例，2014》《15—18 世纪欧洲传统园林轴线空间演变解析，2017》。

■ 风景园林规划设计体系研究方向

公园绿地广场设计类研究：论文《上海船厂地区滨江空间设计，2006》《景观设计策略——基于公共性视角的文化设施景观设计研究，2014》，实践项目《杭州余杭区水景园设计，2004》《佛山新城文化中心中轴景观策划，2014》；绿道与绿地规划设计类研究：论文《绿道规划设计方法研究，2014》《作为新型城镇公共空间的城市型绿道，2014》，实践项目《佛山东平新城绿道规划和绿道设计，2010》《鄂尔多斯至呼市包头旅游景观通道规划，2017》；景观原型设计类研究：论文《基于景观原型的设计方法——以浮山"第一情山"为例的情感空间塑造，2012》《景观原型设计方法探讨——基于风景园林学途径的城市设计，2017》，实践项目《安徽枞阳浮山景区概念规划，2010》《清远市大燕湖片区及城市中轴线城市设计，2012》；旅游规划开发类研究：论文《济宁市北湖旅游度假区总体规划，2006》《休闲时代下的文化和旅游空间规划与产品转型研究——以长白山文化和旅游空间规划为例，2019》，实践项目《西双版纳傣族自治州旅游发展总体规划，2008》《微山湖旅游度假区规划，2009》；风景与景观规划控制与策略类研究：论文《苏州寒山寺名胜区规划刍议，1988》《景观设计策略——绿道促进城市新城功能与风貌提升，2016》，实践项目《蚌埠市张公山—迎河地段景观及控制规划，2008》《南昌汉代海昏侯国遗址及周边区域发展概念规划，2016》。

■ 城市绿地系统规划研究方向

城乡绿地规划标准体系研究：论文《国标〈城市绿地规划标准〉实施背景下绿地系统规划编制内容及方法解读，2020》《高密度城市建设下基于国标〈城市绿地规划标准〉的附属绿地优化，2020》；城市绿地系统空间与布局研究：论文《基于混沌论的绿地系统布局多情景优化模拟，2020》《绿地服务范围均衡模型研究——紧凑型城区的绿地布局结构修补，2017》；城市绿地系统规划子系统研究：论文《城市绿地系统规划编制子系统规划研究，2013》《城市绿地系统规划编制——景观子系统规划研究，2013》；城市绿地资源评价与类型管控研究：论文《绿地资源及评价体系研究与探讨，2014》《基于类型对比的城市中心区紧凑型绿轴特征研究——开放空间尺度、构成与慢行友好型边缘分析，2020》；城市绿地系统规划要素与优化研究：论文《城市绿地系统规划要素组织架构研究，2013》《城乡统筹视角下基于分形量化模型的游憩绿地系统布局优化，2018》；城市绿地系统的演化与特征研究：论文《上海城乡绿地系统的自组织时空演化机理，2020》《生态修复指引下基于熵值分析的上海城乡绿地系统时空演化研究，2017》；公园城市思想与实践研究：论文《公园城市视角下基于空间治理的区域绿地管控与上海郊野公园规划实践，2019》《"公园城市"：生态价值与人文关怀并存，2019》；绿地系统规划传导与多规合一体系研究：论文《基于国土空间总规专项详规传导的市县级绿地系统专项规划编制研究，2020》，实践项目《清远市城市绿地系统规划，1995》《佛山市城市绿地系统规划，2010》《上海奉贤区绿地系统专项规划，2017》。

■ 国家公园与风景名胜区研究方向

保护地空间规划体系研究：论文《国家公园为主体"自然保护地体系规划"编制研究——基于国土空间规划体系传导，2020》《欧盟 Natura2000 自然保护地空间规划管理方法研究，2019》；风景区土地利用协调研究：论文《风景名胜区总体规划编制——土地利用协调规划研究，2013》《两规合一背景下基于土地利用的风景规划研究，2014》，实践项目《西樵山风景名胜区总体规划，2012》《采石风景名胜区总体规划，2003》；风景区总规与详规要素控制方法研究：论文《风景名胜区总体规划编制——保护培育规划方法研究，2014》《风景名胜区详细规划编制——控制方法及要素研究，2013》，实践项目《西樵山风景名胜区核心景区划定与保护规划，2003》《两江一湖风景名胜区白云源景区规划，1997》。

■ 城市更新与公共空间研究方向

公园绿地周边环境控制和公共开发空间体系规划研究：科研《对上海公园绿地周边环境实施控制性管理的研究，2005》《上海城市公共开放空间体系和休闲活动网络研究，2014》；以人为本理念下城市休闲化景观更新研究：论文《城市休闲空间发展理念下公园绿地设计方法研究，2016》《适宜老年人需求的城市社区公园规划设计研究——以上海为例，2017》；存量规划背景下公共开放空间布局调适研究：论文《2010 上海世博会规划——开放空间和绿地系统，2004》《城市公共开放空间规划编制，2017》。

李建伟 Jianwei Li

个人简介

东方风景首席设计师，东方易地首席设计师，国家林草局景观专家，美国景观设计师协会会员，美国注册景观规划设计师。

中国长城绿化促进会生态人居与绿色建筑分会理事长，世界人居智库主任委员，清华大学继续教育学院客座教授，北京交通大学建筑与艺术系兼职教授，北京工业大学工艺美术学院客座教授，北京林业大学风景园林学院客座教授，中南林业科技大学园林学院客座教授，西北农林科技大学客座教授，哈尔滨工业大学建筑学院兼职教授，华中农业大学园艺林学学院兼职教授，吉林市人民政府城市建设高级顾问、吉林市城乡规划委员会专家咨询委员会专家委员，湖州太湖旅游度假区发展专家顾问团顾问，北京市昌平区城乡规划与公共艺术委员会专家委员会委员，中国风景园林网专家库专家。

美国明尼苏达大学　景观艺术硕士学位（1995 年）

湖南大学　建筑系主修建筑学（1986 年）

湖南师范大学　艺术系主修美术（1985 年）

中南林业大学　获林学学士学位（1982 年）

当代知名景观规划设计师。“景观生态统筹城市”的践行者、“生态设计与艺术相融合”的引领者，主张景观设计最大限度作到人工结构与自然结构的平衡，以景观设计统筹城市规划、水利、交通、建筑等各项规划设计。美国注册景观规划师、美国景观设计师协会（ASLA）会员。1995 年获美国明尼苏达大学景观艺术硕士学位，1996 年加入美国 EDSA，2006 年回国，现任东方易地景观设计院（East Design）首席设计师，国家林业和草原局景观专家。

他主张景观设计秉承以自然生态保护为前提，将空间规划与场地自然，人文因素相结合，突出生活功能与精神内涵的现代景观设计理念；倡导以现代人的观念，个人的视角看待传统与文化。创作上强调观念主导设计过程。认为设计应该是自由的，充满无限可能性和颠覆性，其实质是探索，表达我们对自然，对人性，对生活的认识以及对美好世界的追求。在他看来，设计不要在前人的成就上坐享其成。创新才是对传统的尊重和最好的继承。通过积累与否定，持续推动自身的进步才是设计师的天职。设计不要重复自己，也不要重复他人。好的设计要跨越行业壁垒，在行业之间，传统与未来之间建立新的平衡；设计师要排除外界的噪声干扰，保持自己的单纯，倾听内心的声音。

代表著作

《情景心境——对现代风景设计的思考》，中国建筑工业出版社，2015 年
《景观创作——草图与构思》，中国建筑工业出版社，2014 年
《景观之道——景观设计理念与实践》，水利水电出版社，2008-02-01
《视野、系统、延展——规划设计理念与实践》，水利水电出版社，2010-02-01
《中国园林》：中国规划设计专业教育的根本问题，2007 年 05 期
《景观设计》：现代景观设计的理念
《风景园林》：引海入城——深圳市宝安区海滨广场与海滨休闲公园，2007 年 05 期
《中国园林》：儿童游乐场所的设计目标与创意，2007 年 11 期
《中国园林》：中国现代城市郊区发展战略，2008 年 08 期
《中国建设报》：设计师要敢于说“不”
《中国建设报》：荒野之美
《中国水利报》：城市生态保护与修复
《中国花卉报》：国家风景体系亟待构建

主要设计完成项目

迪斯尼西岸
迪斯尼庆典城（奥兰多）
瑞迪逊加勒比海度假区
万豪阿鲁巴冲浪俱乐部
利兹卡尔顿欧口尼度假村
浙江湖州滨湖旅游度假区
湖州太湖度假区
株洲炎帝广场
湖北襄阳月亮湾湿地公园
阜阳景观水系规划及颍河景观生态设计
深圳前海滨海公园
上海徐汇滨江公共开放空间
南宁园五象湖公园
张北风电基地
海南清水湾规划
仙桃市水系及景观系统规划

个人所获荣誉

第三届国际景观规划设计大会授予设计创新奖（2013 年）
第二届国际景观规划设计大会授予设计成就奖（2012 年）
第二届中国房地产创新大会评为年度中国规划设计大师（2010 年）
中国世界贸易组织研究会、中国社会科学院、香港理工大学亚洲品牌管理中心联合授予“全球化人居生活方式最具影响力景观设计师”（2007 年）
其担任主要设计师的美国阿鲁巴岛玛瑞尔特冲浪俱乐部，被 Conde Nast Travelers 评定其为 2001 年世界最佳度假区；美国瑞迪逊加勒比海度假区被“度假及酒店杂志”推选为“2001 年度假及酒店鉴赏家首选之地”，获美国景观协会的设计优秀奖。

胡一可 Yike Hu

个人简介

天津大学建筑学院教授、博士生导师。2010 年毕业于清华大学，风景园林专业工学博士。IIAS（国际亚洲研究所）、荷兰莱顿大学访问学者（2015），UKNA 亚洲城市知识网络（欧盟项目）联络人，台湾东海大学访问学者（2019）;《城市、环境、设计》UED 副主编,《景观设计》编委,《天工》编委,《风景园林》特约编辑,《中国园林》审稿专家。研究和教学方向有风景园林规划与设计、城市街道空间研究、风景旅游区规划设计、风景建筑设计。

现为天津大学建筑学院风景园林系副主任、天津大学建筑学院数字建构实验室主任、天津市城市规划学会规划信息管理专业委员会副主任。

个人所获荣誉

第一作者著作 1 部、编著 1 部、教材 1 部；合著 6 部、译著 11 部；国内外期刊发表论文 50 余篇。第一作者、通讯作者发表核心期刊论文近 30 篇。主持国家自科青年、面上项目各 1 项，教育部基金 1 项；参加自科重点、社科艺术学重大等项目 12 项，主持 20 余项横向课题。获天津市教学成果二等奖 1 项，天津市一流课程 1 项；主持教改项目 4 项，教改论文 8 篇。指导学生在国际设计竞赛获奖 30 余项，一等奖 8 项；国内设计竞赛获奖 50 余项，一等奖 5 项。2016—2021 带队参加国际建造大赛 11 项，获得一等奖 3 项、二等奖 3 项、三等奖 2 项。

沃尔夫·吕贝尔　Wolf Loebel

个人简介

建筑师和城市规划师，拥有 30 多年的从业经验，德国黑森州建筑师与规划师执业协会会员。
RhineScheme GmbH 德国莱茵之华设计集团的联合创始人和总裁。

公司（网址：www.rhinescheme.com）在德国，美国和中国拥有约 160 名设计师，设有北京办公室（自 2004 年）和上海办公室（自 2020 年）。
沃尔夫·吕贝尔先生，1962 年出生于德国莱茵河畔安德纳赫市。先后在德国亚琛工业大学和奥地利维也纳艺术学院学习建筑学并获得硕士学位，后者是欧洲最古老的艺术院校之一，这里曾经是约瑟夫·霍夫曼、奥托·瓦格纳、彼得·贝伦斯和汉斯·霍林等大师们活跃过的地方。
除了担任建筑师和城市规划师，沃尔夫·吕贝尔先生还为“ARCH+”杂志担任过十多年的编辑。该杂志是欧洲建筑学领域的最领先的杂志之一。他参与了几十个遍及中国的项目，涵盖城市规划、商业、酒店、办公、住宅、旅游、文化、教育等不同类型的项目。

主要设计完成项目名称

■ 规划类主要项目经历

5G 全球智慧生活设计大赛一等奖
长春西部新城核心区东地块国际旅游文创产业园 48 万 m^2
成都市郫都区锦城公园片区城市设计 34km^2
宁晋生态智慧城项目规划设计 80 万 m^2
长春外籍专家服务中心项目总体规划与设计
眉山圣寿传统民居聚落片区概念性规划 115 万 m^2
潍坊国家农业开放发展综合试验区核心区总体规划 120.9km^2
天津大邱庄中德生态城城市设计 4.5km^2
中法武汉生态示范城 39km^2
湖南常德德国街爱情岛规划及建筑设计 4 万 m^2
上海吴淞创业园启动区概念设计 3.5km^2
阜阳王店德国小镇城市设计 142 万 m^2
温州国际影视文化产业基地概念城市设计 3.5km^2
天津文化中心城市设计 4.65km^2，核心区 1km^2
天津中新生态城城市设计 30.2km^2
武汉智慧城和生态城城市设计 84.7km^2
唐山曹妃甸国际生态城 12km^2
太原南站片区城市设计 6km^2

怀来国际葡萄酒文化小镇规划与景观设计
威海东部新城旅游小镇概念规划设计

■ 建筑设计类主要项目经历

长春西部新城核心区东地块国际旅游文创产业园 48 万 m^2
长春外籍专家服务中心项目总体规划与建筑设计室内设计
常德德国街、爱情岛规划及建筑设计 4 万 m^2
抚州“横街”历史文化街区改造
上海吴淞创业园启动区概念设计 3.5km^2
知识产权出版社大楼
长春华航天地商业、办公、酒店综合体建筑设计
呼和浩特市华远中心商业、办公、酒店综合体规划及建筑设计
天津社会山商业街立面改造设计
南京和记洋行改造与新建商业综合体规划及建筑设计
兰州国际贸易中心综合体建筑设计
杭州西溪湿地公园绿色示范建筑
天津空港保税物流区商业服务中心
平湖玛丽蒂姆酒店
厦门五矿大厦
万达南宁五星嘉华度假酒店
马驹桥 SOHO 和酒店式公寓项目
广州新城市珠江水岸商业综合体规划及建筑设计
长春万科蓝山项目住宅及 1948 商业区规划、建筑及景观设计
天房・天拖项目规划及 C、F2 地块商业建筑设计

个人所获荣誉

2020 英国 BUILD 建筑设计大奖——2020 年度欧亚最佳建筑与规划设计公司
2020 英国 BUILD 建筑设计大奖——2020 年中国最佳当代零售类设计项目（长春青怡坊昆flush）
2020“全球智慧生活设计大赛”一等奖，合作方：天津市城市规划设计研究院
2020 Corporate LiveWire 环球大奖——2020 年度最佳规划设计事务所 | 中国
2020 世界人居建筑规划设计方案竞赛金奖（知识产权出版社大厦，北京）
2019 BUILD 建设与工程大奖——2019 年度最佳酒店建筑设计公司
2019 BUILD 建设与工程大奖——最佳酒店项目（南宁万达嘉华度假酒店）
2019 第十届园冶杯建筑、室内设计银奖（南宁万达嘉华度假酒店）
2014 美国“LEED 认证白金级最高奖项”由美国绿色建筑协会颁发（杭州西溪展览中心）
2013“西溪龙蛇嘴游客服务中心”项目获得第十届建筑设计类最高级别奖项——“精锐科学技术奖金奖”
2013 亚洲 MIPIM 最佳规划重建项目铜奖（天津文化中心项目，中国）
2013 国际“标志奖”，“最佳城市设计”类第一名，由 Ratfür Formgebung/ 德国设计委员会颁发（天津文化中心项目，中国）
2013“365 国家发明奖”（莱比锡 TRM 中心项目）
2013 德国国家建筑博物馆德国最佳 22 所建筑奖（T 建筑，布莱梅港理工学院）
2012 德国联邦建设部“2012 年德国钢结构奖”（德国科隆“蓝金”大楼项目）
2010 2010 最受市民认可十佳楼盘（长春万科蓝山项目）
2010 2010 第七届人居典范“最佳建筑设计综合金奖”（天津社会山高档住区）

陈昌强 Changqiang Chen

个人简介

中外建西安分公司总经理、首席设计师，国际注册高级环境艺术设计师，国家高级旅游策划师，国家高级研究员，美国 ASLA 景观设计师协会理事，陕西省福建闽商、三明商会常务副会长，西安交大 DBA 工商管理学博士。专业从事规划、建筑、景观设计 20 余年，以“弘扬东方文化，坚持人性化设计和持续创新”为设计理念，本着为社会服务的精神，兼具国际视野、前沿的设计思想和扎实的设计专业基础。

主要设计完成项目

西安大唐不夜城前期景观参与设计
首创集团西安首创八期规划、景观设计
西安曲江城市教育主题公园景观设计
甘肃陇南阶州御府项目建筑和景观设计
山西介休金悦华府项目景观设计
甘肃岷县聚仁观澜项目景观设计
咸阳市三原水韵池阳景观设计
陕西商南县红色旅游发展规划项目景观设计
陕西东大稻田旅游景观设计
安康瀛湖清泉汉水文化街概念规划及景观设计
安康城东新区运动休闲主题公园景观设计
成都绵阳仙海环湖生态文明景观走廊景观参与设计
陕西富平市中华郡文化旅游休闲综合体景观设计
2022 年杭州亚运会亚运村国际城市规划、景观参与设计
山东平原山水文园项目景观设计
山西介休博萃园项目景观设计
秦正集团富悦城景观设计
西安蓝田县华夏文明体验园规划、景观设计
营口沿海基地景观设计
陕西木王山旅游规划、景观设计
安康湿地公园景观设计

个人所获荣誉

2003 年被评为“特级中国商业美术设计师”
2007 年被评为“建筑行业最佳景观设计师”
2009 年获“中国园林景观十大最具创新人物称号”
2011 年获“中国景观规划行业资深设计师称号”
2014 年获“亚洲杰出国际景观设计成就奖”
2017 年获“中国景观设计工匠精神典范人物”
2019 年获“匠心·创新——中国杰出景观规划设计师”和“人居环境建设践行者·2018 金牌设计师”两项大奖

谢国杰 Guojie Xie

个人简介

北京五衡建筑设计事务所有限公司总裁、创始人、总设计师，国家一级注册建筑师、高级建筑师，曾获中国青年建筑师最高个人荣誉——第八届中国建筑学会青年建筑师奖。在城市规划和建筑设计领域具有较高的造诣，作品涵盖了城市规划与城市设计、城市综合体、高端住宅、教育建筑、大型交通枢纽建筑等多个领域，在中国创作了大量杰出的设计作品。

1997 年在建设部科技司任职，进行“国家小康示范住宅”研究，在高端豪宅设计领域有较高的造诣，是中国高端豪宅设计领域的专家。作为中国龙湖派高端豪宅类的代表型设计师，从 1997 年重庆龙湖花园至今，为龙湖设计了许多顶级豪宅，并为龙湖开发了顶级豪宅类原著系产品线，撰写了与龙湖长达 24 年的合作历史；还曾担任中国著名设计机构总设计师（包括 CCDI 总建筑师），其综合建筑设计思想和领先的创作思维在业内有较高的影响力，众多设计作品独具文化内涵和艺术的感染力；同时在国内外知名学术刊物上发表论文 20 余篇，建筑理论功底深厚，他还担任天津大学等知名高校的研究生校外导师。

主要设计完成项目名称

北京住总万科·金域国际中心写字楼
北京 2020 年世界休闲大会商业街区
泉州火车站
北京宝星国际小学及幼儿园
北京龙湖·西宸原著
石家庄龙湖·九里晴川
北京首创住总·禧瑞金海
北京首开·奥森 ONE
北京新城首创·禧悦学府
北京 2020 年世界休闲大会维景酒店
北京万科·CSD 全资源商务港
长春火车站
北汽集团北京新总部
北京龙湖·双珑原著
北京首创·禧瑞墅
北京凯德·麓语
太原龙湖·天境
北京首创·禧悦府

个人所获荣誉

北京 UHN 国际村由于其艺术价值在 2004 年荣获中国建筑艺术大奖

天津经济技术开发区西区公共建筑体获 2008 年全国人居经典建筑规划方案设计竞赛“规划建筑双金奖”

重庆龙湖花园被评为“建设部住宅示范小区、建设部规划设计二等奖、重庆市十佳住宅小区第一名”

凯德置地上元雅苑项目被建设部评为“中国社区规划示范住宅”

唐山地震遗址公园规划获国际竞赛佳作奖

2009 年北京宝星国际小学、北京 UHN 国际村获建国 60 年建筑学会创作大奖

2010 年 8 月荣获中国建筑学会“第八届中国建筑学会青年建筑师奖”

2013 年北京长辛店生态城万年展示中心荣获“中国建筑设计奖（建筑创作）银奖”

2013 年北京五衡建筑设计事务所荣获“北京龙湖 2013 年优秀合作伙伴”

2013 年北京龙湖・双珑原著荣获时代楼盘“第八届金盘奖・北京赛区年度最佳别墅”

2014 年北京龙湖・双珑原著荣获“精瑞科学技术奖・最佳人居住区范例”

2015 年北京丰台区长辛店园博派项目荣获“北京市第十八届优秀工程设计三等奖”

2015 年北京龙湖・西宸原著荣获“第十届金盘奖・华北赛区预售楼盘类年度媒体推荐奖”

2015 年北京住总万科金域国际中心荣获“第十届金盘奖华北赛区年度最佳写字楼、写字楼类年度媒体推荐奖”

2016 年北京五衡建筑设计事务所荣获“北京龙湖 2016 年度优秀分供方奖・同路人大奖”

2017 年北京住总万科・金域华府尚华家园荣获“北京市优秀工程勘察设计奖・综合奖一等奖”

2017 年北京住总万科金域国际中心荣获亚洲建筑师协会建筑奖金奖

2018 年北京龙湖・合棠瑞著荣获“全国人居建筑、规划杰出奖”

周　俊 Jun Zhou

个人简介

周俊先生是上海大境建筑规划设计有限公司总经理助理兼设计总监，国家一级注册建筑师、高级工程师，上海建筑学会会员，上海市崇明区规划资源局方案评审专家成员，上海百将民生公益基金管委会副主任。

周俊先生是大境建筑优秀的项目负责人之一，擅长方案创作和项目的全过程设计把控，持续关注建筑设计与城市的关系、坚持严谨的建筑设计手法，善于协调设计过程中各方诉求，追求建筑设计的落地性和精细化设计。在商业设计、各类办公设计领域有丰富的项目经验。

主要设计完成项目名称

郑州绿地新都会

上海上滨生活广场

威海鼎信大厦

上海平金中心

上海东虹桥中心 ASPIRE

长沙平安财富中心

上海市人民检察院

泉州世界贸易中心

西安绿地高新贸易港双塔办公

个人所获荣誉

2013 年泉州世界贸易中心获全国人居经典建筑规划方案竞赛建筑金奖

2013 年上海市人民检察院办案与技术业务用房改扩建项目获全国人居经典建筑规划方案竞赛建筑金奖

2015 年威海客运中心（南站）商业综合体项目获全国人居经典建筑规划方案竞赛建筑金奖

2020 年郑州绿地新都会获世界人居进驻规划设计方案竞赛建筑金奖

2020 年世界人居年度杰出设计师

赵竑懿 Hongyi Zhao

个人简介

赵竑懿先生，拓维建筑设计有限公司董事长，国家级注册建筑师，毕业于哈尔滨建筑工程学院，建筑学学士，同济大学建筑学硕士，复旦大学商业地产 MBA，曾赴法国巴黎皇家艺术学院进行访问学习以及担任丹麦皇家建筑学院的客座教授。

他是现代建筑运动的标杆性人物，他的设计语言纯净写意，惯用玻璃材质去艺术地展现当代建筑的巅峰成就。在任何标准下，他所营造出卓尔不凡的建筑灵感及高端品位，都为都市上层居所开拓出全新的想象空间和居住体验。

自 2016 年成立上海拓维建筑设计有限公司起，就带领由一群经验丰富的设计师共同组成的团队，与国内百强地产企业紧密合作，有着很好的业绩与口碑。拓维设计涉足的设计领域广泛，尤其聚焦于住宅、商业综合体、产业园区三个板块的全程设计服务。通过对项目概念基调的把握指导整体规划、产品和立面风格的设计，寻求市场认同的概念特征，将设计目标尽量清晰化。

主要设计完成项目名称

上海绿地海域观园	南京招商浦口 G34 地块	绍兴万科公元 2020	南京中海玄武公馆
大连金州绿地中心	青岛市高新区招商——雍华府	青岛金茂即墨新城	杭州三湘海尚官邸
青岛保利金水路	杭州招商公园 1872	青岛金茂中欧国际 A3 地块	重庆融创启洋二期
成都保利锦江里	西安招商雍景湾	临海伟星和院	西安大明宫
成都保利两河概念规划	马尔贝拉二三期	临海伟星国宾台	苏州中锐星悦湾
青岛保利红岛羊毛滩 4 号地块	大连招商体育公园 B 地块	上海路劲松江小昆山 A 地块	阳光城德清丽园
青岛保利中集项目	大连招商公园 1872	上海国际金融谷	

个人所获荣誉

2007 年双节双优杯佳宅方案特别奖
2015 年全国人居经典建筑规划设计建筑金奖
2015 年金拱奖人居设计金奖
2019 年第十四届金盘奖年度最佳佳宅
2019 年度精瑞科学技术奖绿色社区优秀奖
2019 地产设计大奖中国优秀奖
2020 年美尚奖极致建筑美学优秀奖
2020 年第十五届金盘奖年度最佳佳宅

武若栋 Ruodong Wu

个人简介

现任职务：内蒙古壹世界景观规划设计有限责任公司总经理
内蒙古农业大学方域景观工作室负责人
所在单位：内蒙古农业大学风景园林教研室

多年来主持和参加多项景观、园林、规划设计项目，具有较强的协作精神，主持设计田园综合体项目总体策划、规划、核心区设计等乡村振兴项目，参与 2 项科技项目，获得自治区级设计三等奖以上 4 项，发表论文 6 篇（均为第一作者），申请获批发明专利 1 项、设计专利 1 项，任中级专业技术职务资格。

擅长环境景观规划与设计、景观建筑设计、乡村规划、旅游策划规划与设计、公园规划与设计、自然保护区规划、景区规划与设计、农业开发可行性研究、农业规划、林区规划、在文化旅游、特色小镇、乡村振兴、民宿景观等方面有一定涉猎。

主要设计完成项目

伊东集团东兴化工园区整体景观设计
新城区滨海友谊商城广场设计与施工
丰镇市华丰国际城整体景观设计
丰镇市晶鼎庄园会所建筑设计
乌审旗伊泰人和家园居住区景观设计
赛罕区金河镇一间房垂钓园景观规划设计
托县黄河老湾旅游区景观规划与设计
大滩乡政府办公楼建筑设计
呼和浩特市金川百万小镇居住区景观设计与施工
内蒙古食全食美股份有限公司综合办公楼室内景观设计
果园西路街景改造设计
乌兰木伦河下下湖河道景观绿化
水头沟旅游区总体策划
紫云景苑小区景观设计
玉泉区党建主题公园改造系列设计
乌拉特音乐城市田园综合体总体策划
和林格尔盛乐古城花海旅游区总体策划

个人所获荣誉

阿拉善大漠奇石文化产业园景观设计获中国设计品牌银奖
《查干湖植物科普园》《青山头古人类遗址雕塑公园》《塔虎城大辽文化苑——原住民》获查干湖生态旅游项目设计大赛（全国）三等奖
内蒙古农业大学林学院“萃庭”智能温室环境景观设计获全国园冶杯铜奖

夏　飞 Lloyd Xia

个人简介

现任职务：设计总监

所在单位：美国 ADE/ 溪谷设计

美国景观设计师协会（ASLA）会员，毕业于南京林业大学，20 多年来一直秉承 IAN MACHARG 的设计结合自然理念，且受 SCHWARTZ 和 LES LALANNE 以及 ALBERTO GIACOMETTI 的影响，不断尝试将艺术设计和生态景观完美结合，并在探索的路上继续前行。其作品涵盖了从私人委托到规划设计、旅游度假、商业地产、住宅地产、改造修复等不同领域的众多设计项目。

主要设计完成项目

佳木斯御景隆城住宅地产项目

中国能源集团上海办公总部

惠州欧谷山语泉旅游度假地产项目

华润郑州乐缤纷数码公园项目

青岛青建集团住宅地产项目

上海闵行商业街改造修复项目

威海阳光新地住宅地产项目

青岛李沧交通商务区规划设计

金瑞中心希尔顿酒店项目

日照九仙山旅游度假规划设计

青岛海情大酒店景观规划

美高梅 MGM 上海世纪公馆方案设计

青岛国棉六厂改造商业综合体项目

个人所获荣誉

《佳木斯御景隆城项目》荣获 2020 年第十届艾景奖国际园林景观规划设计大赛年度优秀设计大奖

于荟泽 Zee

个人简介

景观规划设计师，高级工程师、美国景观设计师协会（ASLA）会员。2013 年获天津大学风景园林硕士学位；2008—2010 年任天津大学规划设计研究院李雄飞设计工作室设计师；2010—2021 年加入中联和筑（北京）国际工程设计有限公司兼任董事、副总经理、设计总监；2021 年创立于荟泽·云设计工作室【YHZ·We Studio】，成为易拓设计合伙人；2022 年，担任世界人居（北京）环境科学研究院研究员。正在攻读 BBS 法国布雷斯特商学院（AACSB 认证）MBA 硕士学位。

主要设计完成项目

■ 文旅类主要项目经历

华侨城云南普洱茶康养小镇
皖南川藏线全域旅游概念规划
海南椰文化博览园
唐山城市山体民俗人文纪念园
中青旅多伦那日湖生态康养度假文化旅游区
安徽省巢湖市西黄山田园综合体
新疆呼图壁锦芳园国际生态休闲文化旅游区

■ 景观类主要项目经历

雄安创新岛景观规划设计
西安西咸区城市绿道规划设计
海南洋浦湾自由贸易港国际广场
天津市北辰区青光镇公园概念性方案设计
廊坊新朝阳商业综合体景观设计
唐山乐亭体育公园景观设计
廊坊融创锦悦园居住区景观设计
石家庄中央悦城居住区景观设计
北京新机场居住片区景观规划
海南呀诺达雨林酒店一号景观设计
天津精武镇霍元甲文武学校校区景观设计
石家庄世贸酒店广场景观设计
秦皇岛兴龙研发中心办公区景观设计
霸州融创室内植物园景观设计
秦皇岛北城壹号居住区景观设计

个人所获荣誉

2012 年第二届 IDEA-KING 国际园林景观规划设计大赛 年度优秀设计师
2014 年第四届 IDEA-KING 国际园林景观规划设计大赛 年度十佳设计奖
2015 年世界酒店五洲钻石奖年度最佳酒店设计师特别提名奖

王润强　Runqiang Wang

个人简介

广州美术学院教授，硕士、博士研究生导师，国家一级建造师，东莞广州美院文化创意研究院院长，国家建设部高级环艺设计师，广东省集美设计工程有限公司总监、广东省行业协会联合会监事长，港澳大湾区美术家联盟副主席，广东省创意产业研发中心副主任。

设计主持过：城市规划、公共建筑、民用建筑、五星级酒店、城市主题环境景观、大学中学小学建筑设计、特色小镇及美丽乡村建设等大型项目。

主持设计完成项目

■ 东莞特色精品示范村东坑镇井美村美丽乡村规划设计

“第三届全国林业草原行业创新创业大赛”景观规划设计赛道社会组唯一金奖
入选 2020 年“东莞特色精品示范村”创建名单

■ 广州市从化区温泉镇南平村静修小镇建设规划

2019 年 9 月，入选“广东省文化和旅游特色村”
2019 年 9 月 24 日，入选第九批全国“一村一品”示范村镇
2019 年 12 月 12 日，获中国农业农村部颁发“2019 年度全国美丽乡村”称号（广州唯一入选村落）
2020 年 5 月，获由两院院士吴良镛主持发起的世界人居环境项目“年度最佳项目成果”
2020 年 12 月 19 日，获第二届“广东十大美丽乡村”称号
被国家林业和草原局认定为“国家森林乡村”
入选首届广东农村基层党建十佳创新案例示范单位

■ 广东省水利厅大楼室内及环境改造设计

庆祝 2019 年建国 70 周年主持的设计项目，获得垂管部门水利部蒋旭光副部长等领导及社会的广泛好评

■ 株洲市城市湘江风光带景观设计

14.7km 东西两岸景观环境主题设计
全国 2014 年美术作品展
株洲市设计一等奖

■ 渌江书院历史陈列馆、近现代杰出学子人物浮雕墙、五贤堂项目

历史陈列馆入选“为中国而设计”第八届全国环境艺术设计大展专业组
获湖南省建设工程“芙蓉奖”

■ 广州市重点工程“水博苑工程布展与精装修设计

2015 年省市共建项目，广州市珠江黄金岸线建设的亮点工程之一。获广东省教育厅评定颁发“广州市第一批研学教育实践基地”。

■ 东莞市凤岗杨宫麟象棋广场

全国特色文化广场，2009 年获得文化部（文化和旅游部）颁发的“全国优秀文化广场奖”。

■ 其他设计成果

主持东莞市塘厦行政中心区规划、建筑、环境设计，塘厦演艺馆 & 图书馆设计获 2009 年广东省建筑设计一等奖，2005 年主持东莞市工商局办公大楼及 26 个镇工商分局建筑、室内、环境一体化设计，醴陵市体育馆建筑及室内设计，中信集团中信井冈山国际会议中心设计，国务院投资项目湖南省炎陵县炎帝陵杨钱洲景区设计等。

陆伟宏　Weihong Lu

个人简介

教授级高级工程师，同济大学建筑设计研究院（集团）有限公司景观工程设计院院长，《世界人居设计年鉴》编委，美国景观设计师协会会员，《园林》杂志编委，《中国园林》杂志常务理事，上海市建交委评标专家。

从事景观园林工作 30 年，自幼习画，1988 年考入同济大学建筑城规学院风景园林专业，后获硕士学位。毕业后长期从事现代园林景观的创作工作，被媒体评为“最年轻的景观元老”。长期致力于推动中国公共景观领域的创作研究发展，担任国内众多的大型景观项目国际招标的评委，并中标大批重大的景观项目设计。参与国家重大发展战略领域，如青岛西海岸新区、延安新区、上海临港自贸区等，赢得了业内和社会好评，并被聘为延安新区景观风貌总设计师等较多城市与区域的景观顾问专家。

主要设计完成项目

上海市新华滨江公共绿地工程
上海滴水湖环湖景观带景观工程
昆明巫家坝中央公园
郑州航空港区双鹤湖中央公园
上海迪士尼度假区项目梦幻世界园区景观设计

个人所获荣誉

1999 年至 2001 年在上海公共景观起步发展之际，即崭露头角，作为项目负责人，1999 年主持实施上海第一个公共绿地公开国际竞赛长寿公园，在竞标中获得第一名。2001 年在四川北路公园国际竞赛中获得第一名。2013 年，西安世界园艺博览会景观工程获中华人民共和国教育部优秀园林专业设计一等奖；南园滨江绿地（公园）改扩建工程获上海市优秀工程勘察设计园林和景观设计一等奖；嘉定新城 D10-15 地块保利大剧院项目获中国勘察设计协会优秀建筑工程设计一等奖；2015 年第五届国际园林景观规划设计大会上荣获“设计成就奖”；2017 年，鲁迅公园改造项目获中国勘察设计协会优秀园林和景观工程设计二等奖、上海市优秀工程勘察设计园林和景观设计一等奖；2019 年第九届国际园林景观规划设计大会上荣获“设计推动奖”；2020 年，郑州双鹤湖中央公园获上海市优秀工程勘察设计园林和景观设计一等奖；2021 年黄浦江沿岸 E10 单元 E01-1b.c.d 地块公共绿地工程获上海市勘察设计行业协会优秀工程勘察设计园林和景观设计一等奖。

田　勇 Yong Tian

个人简介

四川音乐学院成都美术学院（原）副院长，川音城市与环境艺术研究院执行院长，国家艺术基金项目主持人及评委，国家林业和草原局评审专家，中国会展研究会艺术与科技专委会委员，教育部学位与研究生教育发展中心评审专家，四川省普通高校应用型本科示范专业建设项目负责人，四川省教育厅重点科研项目及科研创新团队项目负责人，四川省级大学生校外实践教育基地川音艺谷项目负责人。

主持编写了景观规划与设计专业的教学计划、各门课程教学大纲，并主持国家级、省部级、院级科研项目十余项，出版专著及教材二十余部，发表学术论文三十余篇。主持设计了许多不同规模的工程项目，具有大量的工程项目运作管理经验，完成了大量的设计工程及科研项目受到社会及政府的好评。

个人所获荣誉

2015 年 11 月，设计作品《成都大源中央公园景观设计》荣获第五届国际园林景观规划设计大赛“年度杰出景观设计”，颁奖单位：中国建筑学会；自 2010—2015 年连续五年荣获“全国高校景观设计毕业作品展”优秀指导教师称号，完成教学学时数 5710 余节，指导三十余名研究生顺利毕业；2015 年创办川音城市与环境艺术研究院，经过多年的发展完成大量科研课题及实践项目，多次受到学院的表彰；2016 年作为总负责人成功申报四川省普通高校应用型本科示范专业（环境设计）建设项目；2017 年负责创办川音成都美术学院艺术与科技系，经过四年的发展已经逐步形成了一定的社会影响力，在校学生达到 298 人，师生团队 13 人；2019 年成功申报国家艺术基金大型项目《历史文化名村设计人才培养》并顺利结项，此项目让学校美术类院系在国家艺术基金的大型项目中完成了零的突破，同时推动了校外文创实践基地川音艺谷的项目落成。

World Habitat
世界人居

World Habitat
世界人居